AF449620

# Apuntes de Bioética Biológica desde una Universidad Pública

## Reflexiones para compartir con estudiantes de la Facultad de Química y Biología de la Universidad de Santiago de Chile (USACH)


Hugo Cárdenas Sankán

Pedro Orihuela

CADUCEUS

APUNTES DE BIOÉTICA BIOLÓGICA
DESDE UNA UNIVERSIDAD PÚBLICA
Reflexiones para compartir con estudiantes de la Facultad de Química y Biología
de la Universidad de Santiago de Chile (USACH)
© Hugo Cárdenas Sankán
© Pedro Orihuela

Editado por: Corporación Ígneo, S.A.C.
para su sello editorial Caduceus
José Olaya 169, Ofic. 504, Miraflores. Lima, Perú
Primera edición, enero, 2025

ISBN: 978-612-5170-02-6

Hecho el Depósito Legal en la Biblioteca Nacional del Perú N° 2024-09645

www.grupoigneo.com
Correo electrónico: contacto@grupoigneo.com | Teléfono: +51 955 071 270
Facebook: Grupo Ígneo | X: @editorialigneo | Instagram: @grupoigneo

# Contenido

# Agradecimientos

Se agradecen las correcciones y comentarios de colegas de la USACH y otras universidades, que enriquecieron estos apuntes con sus opiniones. En particular, corregir deficiencias importantes del texto fue posible gracias al profesionalismo, integridad académica y fraternidad del Dr. Manuel Santos, presidente de la Sociedad de Bioética de Chile, quien, pese a no compartir varias de las ideas del texto, lo leyó y criticó con una profundidad franca y constructiva.

# Prólogo

Estos apuntes se escribieron en un momento histórico caracterizado por el cuestionamiento masivo de paradigmas que ordenaron la vida social por décadas, siglos y milenios. Así, por ejemplo, el neoliberalismo hoy es cuestionado por vastos sectores, la democracia política no ha sido capaz de encauzar las necesidades y demandas de las mayorías, y las fuerzas de la revolución digital, el cambio climático y el movimiento feminista están moviendo el eje del poder en la sociedad, hasta ahora jerárquico y paternalista, vertical e indiscutible. A lo anterior se suma el rol creciente del crimen organizado a escala nacional y global, cuyo poder económico está creciendo y amenaza con sobrepasar la capacidad de los países para contenerlo.

El mundo se hizo plano, no solamente por el acceso a la información, sino porque en la mesa del poder se sentaron sectores que históricamente estuvieron en la escala más baja de la jerarquía social: la mujer, los pueblos originarios, las minorías sexuales, las etnias amarillas, negras y cafés. Hace siglos que la cosmovisión de la raza blanca occidental no se había cuestionado con la profundidad y extensión que vivimos hoy, a nivel nacional e internacional. La ingobernabilidad que observamos en Chile, una de cuyas expresiones fue el estallido social de octubre de 2019, es la manifestación local de este movimiento social gigante, internacional, complejo, impredecible e incomprendido tanto por los gobernantes como por los gobernados, y que no desaparecerá, porque las realidades que lo alimentan son objetivas y globales.

Lo anterior hace necesario examinar nuestra bioética bajo el prisma de las urgencias de hoy. Tradicionalmente, esta disciplina en nuestras universidades latinoamericanas se ha comportado como hija legítima y fiel del sistema paternalista del poder en el mundo. Tiene una organización estrictamente vertical, porque está determinada en lo fundamental por la bioética de países desarrollados occidentales, y también porque en nuestra sociedad el discurso bioético lo han escrito históricamente los grupos sociales dominantes.

Producto de lo anterior, la conversación y el discurso bioético en nuestras aulas es indistinguible de lo que se vive en las universidades de los países más desarrollados: estudiamos a sus autores, adoptamos sus leyes y creaciones morales e intelectuales, leemos sus textos y aplicamos sus pautas regulatorias. La mayoría de las veces, estudiar a autores latinoamericanos en esta disciplina es leer versiones en español de ideas nacidas en centros académicos de bioética de los Estados Unidos de América y Europa.

La organización vertical de la bioética universitaria asegura que se pueda controlar y regular el cuestionamiento de las bases éticas de la educación superior y de todo el sistema político y económico, y explica que las actividades de la bioética en la universidad se restringen casi exclusivamente a los comités de ética y a la enseñanza de códigos de regulación de la ciencia, con muy poco cuestionamiento de los procesos y principios que norman la ciencia y las otras facetas de la vida universitaria en nuestras sociedades latinoamericanas.

No se trata de que los principios de la bioética occidental no tengan validez para Chile, o que no existan dilemas morales universales que son relevantes para nosotros los latinoamericanos o para los grupos sociales más desfavorecidos, sino de dejar espacio para el desarrollo transversal de la capacidad de examinar crítica y autónomamente los aspectos éticos de toda la realidad, en todos los estratos sociales. Así, estos apuntes persiguen examinar los principios y dilemas de la bioética con la sensibilidad de una universidad pública como la nuestra, cuya vocación histórica ha sido acoger preferentemente a los menos favorecidos, quienes tradicionalmente no han tenido voz en la bioética.

Este libro ofrece temas para la búsqueda y la reflexión ética de estudiantes de pregrado y posgrado de nuestra Facultad de Química y Biología, y colegas de la Universidad de Santiago de Chile (USACH), buscando motivar un espacio para la expresión de la urgencia y la sensibilidad ética locales.

Los temas de interés para la bioética son muy diversos y han generado subespecialidades que se relacionan por los principios éticos generales, pero que divergen en el desarrollo y la evolución de sus respectivas áreas de interés, tal como ocurre con las éticas de las ciencias sociales y de la medicina, por ejemplo. Sin embargo, el enfoque de este texto es desde la óptica de la biología natural y experimental, y excluye casi del todo a la bioética médica y de las ciencias sociales, excepto en algunos puntos en los que no se consideró conveniente. La razón de esto es que la mayoría de los textos de bioética se restringen a la bioética de la salud humana, dejando fuera las facetas más biológicas de esta disciplina, tales como los problemas ecológicos y la preservación de todas las formas de vida en el planeta. Los lectores interesados pueden encontrar fácilmente buenos libros de bioética médica a través de la internet.

# Introducción

La ética se ocupa del bien y del mal en la conducta humana, y la bioética se define por la Real Academia de la Lengua como el estudio de los problemas éticos originados por la investigación biológica y sus aplicaciones, tal como ocurre en la ingeniería genética y la clonación. Sin embargo, el uso cotidiano de la palabra «bioética» es más amplio, e involucra todo lo relacionado con las dimensiones y alcances de la biología, incluyendo los asuntos no netamente biológicos pero que afectan a la vida, tales como el clima y el medio ambiente.

El avance del conocimiento está produciendo problemas éticos inéditos en todas las áreas de la ciencia y la tecnología, pero esto ha sido más pronunciado en la biología y sus ramas aplicadas, lo que ha impulsado el desarrollo de la ética de la biología.

La bioética abarca todas las áreas del conocimiento y aplicación de la biología, tales como la ecología y la medicina, pero también incluye en su ámbito de interés a las ramas de la ciencia que pueden afectar de manera indirecta al ser humano y a todas las formas de vida, como ocurre con la física y la química. Así, un laboratorio puede estar dedicado al estudio de fenómenos no biológicos, y, sin embargo, ser relevante para la bioética porque genera residuos que pueden afectar a seres vivos y al medio ambiente.

El examen ético en la biología universitaria se ocupa de la dimensión científica de la investigación en el laboratorio; esto es, del diseño experimental, de los sujetos y objetos de derecho involucrados, de los datos producidos y de su interpretación y aplicación. Pero, la actividad científica ocurre dentro de grupos diversos, complejos y jerárquicos, donde las reglas del juego suponen inevitablemente riesgos de abusos contra las personas más débiles del sistema. Como veremos más adelante, los sujetos de riesgo en la organización social de la ciencia universitaria lo constituyen preferentemente las y los estudiantes que se inician en la actividad científica. Así, es ineludible que la bioética académica aborde también el quehacer social de la ciencia en la universidad.

La ciencia en un país en vías de desarrollo como Chile tiene otra urgencia, que no se plantea con la misma prioridad en los países desarrollados, y es que los recursos humanos y materiales que dedicamos a la actividad científica compiten con problemas sociales y económicos apremiantes, en contextos de recursos insuficientes para atender adecuadamente todas las demandas. Cada proyecto de investigación científica financiado significa que se postergan otros de índole social, que podrían beneficiar a sectores muy desfavorecidos. Estas consideraciones no se pueden evitar cuando se examina la eticidad de nuestra actividad científica, porque tenemos el deber moral de la relevancia y la pertinencia con respecto a los problemas urgentes de nuestra propia sociedad. A su vez, esto implica el deber ético especial para una universidad pública de hacer ciencia que aborde los problemas nacionales y locales importantes.

Así, estos apuntes son una invitación a la reflexión ética en el ámbito de la universidad pública, que es un área distintiva de la ética debido al rol particular de estas instituciones en nuestro país. No se trata de que la bioética no tenga espacio en una universidad privada; pero, en la esfera pública, existe el condicionamiento moral de la dependencia administrativa y económica del estado de Chile, lo que implica el deber de responder a las necesidades de la mayoría en la sociedad, según los principios democráticos que rigen en el país.

# El carácter de las universidades en Chile

Cuando se examina cualquier aspecto de la vida universitaria en Chile, es indispensable tener en cuenta que el término «universidad» engloba una variedad de instituciones, con diferencias en su carácter y misión. La categoría más general de clasificación de estas instituciones es su condición de privadas o públicas, lo que, sin embargo, involucra no solamente el origen de su financiamiento.

Las universidades privadas se financian primariamente con fondos privados, pero lo más distintivo de ellas es que su origen no es por iniciativa del Estado de Chile, sino desde instituciones privadas. De esta manera, la misión de estas universidades se determina legítimamente en concordancia con la religión y/o la filosofía de quienes las fundaron, quienes tienen el derecho a establecer condicionantes ideológicas en su quehacer. Sin embargo, una universidad privada puede tener un rol público, tal como es contribuir en la educación y en la investigación científica nacionales, y también puede ser una institución sin fines de lucro (caso en el cual sus superávits económicos deben invertirse enteramente en las actividades e infraestructura propias de su misión). Este es el caso de la P. Universidad Católica de Chile, que es privada, sin fines de lucro, y cuyo rol de servicio público ha sido históricamente muy importante.

# La necesidad de cultivar la bioética en una universidad pública

Las universidades públicas en Chile son depositarias de la tradición de pensar la educación superior en función primariamente de los intereses del país, lo que en sus inicios se hizo sin consideraciones economicistas, pero que ahora está bajo la influencia de la mercantilización de la educación. Ellas son centros académicos donde se pueden examinar los asuntos y problemas de interés público con libertad, sin subordinación a corrientes ideológicas ni intereses económicos particulares, y, como tales, son espacios de pensamiento esenciales para el cultivo de una bioética autóctona, esto es, desde la sensibilidad ética centrada en nuestros problemas e intereses.

Dicho de otra manera, dado que la bioética se relaciona con muchos intereses ideológicos, sociales y económicos, y es relevante para toda la sociedad, es indispensable que su cultivo se desarrolle en las universidades públicas, porque en ellas se puede hacer el examen multidisciplinario y multisocial (desde todos los estratos socioeconómicos) de la realidad.

Si bien existen varias subdivisiones de la bioética, tales como las de la biología, las ciencias sociales, la medicina y el medio ambiente, ellas están relacionadas entre sí por sus principios fundamentales y porque la especie humana es multidimensional. Así, por ejemplo, cuando las niñas y los niños de una «zona de sacrificio» como la Bahía de Quintero viven en un medio ambiente contaminado que afecta su salud, esto presenta simultáneamente dilemas éticos en la biología, la química, la medicina, la ecología y, por supuesto, en su dimensión social, de manera que es necesario examinarlos de manera integrada.

Por otro lado, en nuestro país, la actividad universitaria que más impacta a la sociedad es la docencia para formar profesionales de alto nivel. Nuestras universidades hacen prácticamente toda la investigación científica del país, pero esta es casi exclusivamente ciencia básica, con muy poca investigación aplicada y generación de tecnologías. Sin embargo, esta ciencia básica tiene un valor social agregado, aunque no genere directamente soluciones tecnológicas, que es capacitar a quienes hacen la docencia universitaria para la enseñanza actualizada y compleja que requieren las profesiones con bases científicas, tales como las ingenierías y las de la salud.

Así, hacer docencia es una de las condiciones de la eticidad de la ciencia en la universidad. La dimensión docente de la ciencia en las universidades públicas la distingue de manera esencial de la que se lleva a cabo en las empresas privadas y públicas, y constituye un aspecto importante de los desafíos de la ética universitaria.

# Principios de la bioética en la universidad

## Beneficencia

La beneficencia es el valor ético de maximizar el bien y minimizar el daño en las actividades humanas. La investigación científica de la universidad incluye dos dimensiones: la de la ciencia propiamente tal y la docente, y es necesario entonces examinar la beneficencia en ambas.

No se trata, por cierto, de eliminar los efectos negativos, porque muchas veces son inevitables, sino de que los beneficios esperados sean más importantes que los daños y que estos últimos no constituyan en sí mismos violaciones de principios éticos fundamentales. Así, por ejemplo, privar de la educación a un grupo de menores de edad para usarlo como control en un experimento sobre la eficacia de una metodología docente pudiera ser justificable desde el punto de vista de la metodología experimental, pero esto sería una violación, entre otros, del derecho humano a la educación y, por lo tanto, inadmisible en la investigación científica.

Uno de los beneficios de la ciencia en la universidad es que brinda la oportunidad para que estudiantes de pregrado aprendan a hacer ciencia participando en todas las etapas de la investigación, desde estudiar la literatura especializada hasta escribir un artículo científico, pasando por el diseño de experimentos y su ejecución con tecnologías avanzadas. Esto es importante para todo el estudiantado, y no solamente para las profesiones de base científica, porque la alfabetización científica es esencial para la ciudadanía de hoy y del futuro. Así, por ejemplo, el movimiento global de oposición a las vacunas es encabezado por profesionales universitarios en todo el mundo, y se explica por el profundo analfabetismo científico de millones de personas. Es de suyo obvio que el rol docente de la ciencia universitaria es esencial para combatir el creciente poder político de ese movimiento tan negativo para el progreso y el bienestar de la humanidad.

Uno de los problemas en nuestras universidades es que en la mayoría de sus laboratorios no se cuenta con personal técnico permanente, labor que desempeñan estudiantes que tienden a asumir el rol de asistentes técnicos de investigación más que el de investigadores en formación. Esto beneficia al grupo de investigación, pero está en conflicto con el interés primario del estudiantado de formarse en la ciencia y en un tiempo adecuado pero lo más breve posible, con tal de continuar su formación académica y profesional. Así, puede ocurrir que los seminarios de investigación y las tesis se demoren más de lo necesario, con el consiguiente costo social y económico para las y los estudiantes, pero beneficiando al grupo de investigación. Además, al estudiantado se le remunera mucho menos que al personal técnico especializado y sin los beneficios legales de una remuneración formal, lo que constituye un abuso con efectos negativos en sus derechos laborales y previsionales. Es una verdad universal que las científicas y los científicos nos formamos trabajando incorporados a grupos de investigación establecidos, comenzando en nuestra etapa de estudiantes de pregrado, pero durante mucho tiempo esto se ha hecho sin consideración a las legítimas aspiraciones y derechos laborales estudiantiles.

## El respeto por los seres vivos

### Los animales. Mamíferos

En la filosofía occidental tradicional, la dignidad es un valor propio de la vida humana, y es inaplicable a los otros animales y, por supuesto, a las plantas, que sin embargo igualmente merecen nuestro respeto (por ejemplo, ver Zuolo, 2016). Sin embargo, en la biología, la complejidad y perfección de los sistemas biológicos, que determinan que la identidad de cada individuo no se pueda considerar aislada de su ecosistema y lugar en la biósfera, lleva de manera natural al desarrollo del concepto de la dignidad de todas las formas de vida. Esto es resultado del maravillarse ante la historia filogenética y ontogenética de cada individuo, que lo hace un ser único e irrepetible en la naturaleza y en la historia. Así, en el contexto de la biología, el respeto por todas las formas de la vida se refiere a esta dignidad biológica esencial, que abarca a la vida humana y la no humana. Y la vida no humana, a su vez, se categoriza en animal y vegetal, condición que define su dignidad en el contexto de la bioética.

Hoy, es de aceptación universal que no se puede atentar contra la vida de seres humanos en nombre de la ciencia, lo que es un avance relativamente reciente de la bioética a partir de la toma de conciencia iniciada con el Juicio de Núremberg, en 1947. Así, el problema del respeto por la vida humana se expandió al respeto por la dignidad (Declaración Universal de los Derechos Humanos, 1948), que significa en nuestra bioética occidental respetar la autonomía en las decisiones que las personas adoptan como pacientes o sujetos de investigación. Al contrario de la visión paternalista de la ciencia de otras épocas, hoy aceptamos que todo ser humano tiene derecho a su autonomía, aunque su decisión personal sea contraria a lo que científicos, profesionales de la salud o especialistas de otra índole consideren más adecuado para los propios intereses de los sujetos de investigación. Más específicamente, esto implica que nadie puede ser sometido a estudios científicos o tratamientos experimentales sin su consentimiento libre basado en el conocimiento y la aceptación de los fines y métodos de tales investigaciones.

La dignidad de los animales no humanos, animales de ahora en adelante en este texto, significa que ellos no deben ser sometidos a sufrimiento o la muerte, si son posibles diseños experimentales alternativos, y siempre que la importancia de tales experimentos lo justifique. Estas consideraciones son especialmente pertinentes para el estudio experimental del dolor; así, someter animales a dolor agudo o crónico sin analgesia es una violación de los derechos animales. Pero, además, si el dolor experimental es inevitable, debe justificarse según la importancia de la investigación, porque el sufrimiento animal en general es indeseable e inaceptable. Todo esto significa que los protocolos que implican dolor deben ser examinados de manera especial por un comité de ética en el cual se representen adecuadamente los derechos animales.

Existe abundante y suficiente evidencia, observacional y científica, de que las especies de mamíferos tienen sentimientos de empatía y dolor emocional ante la pérdida de sus parientes o amistades, así como de angustia tanto por su propia vivencia del momento como por la de animales que los rodean. Los mamíferos pueden encariñarse con casi cualquier otra especie animal y manifestar dolor emocional y rabia cuando los animales con quienes conviven están en peligro. Esto constituye una verdad aceptada universalmente en la ciencia y ha cambiado de manera radical su tratamiento en los experimentos científicos y en la sociedad. Hoy es un deber ético usar el mínimo número de animales en los experimentos, los que deben llevarse a cabo solo si no hay alternativas para obtener la misma información y solo si esta tiene la importancia que justifica el inevitable sufrimiento animal del experimento. Por supuesto que la manipulación de los animales de experimentación debe evitar al máximo el dolor y todas las formas de sufrimiento. Tales requerimientos obligatorios para el uso de animales en la ciencia se enunciaron como las 3R: reemplazar, reducir y refinar, por dos científicos británicos, William M.S. Russell y Rex Burch en 1959, y son obligatorios hoy en día en los países occidentales (https://en.wikipedia.org/wiki/3R).

## Los animales. Invertebrados

Recientemente, se ha publicado evidencia de procesos mentales complejos en especies de pulpos, incluyendo la de cambiar su conducta en el acuario cuando entran al laboratorio los científicos que los están investigando, y de planificar elaboradas estrategias de escape. Pero, además, hay evidencia de conductas «con base emocional» en estas especies, tales como buscar activamente el contacto con seres humanos y mostrar preferencias por la compañía de algunas personas y no otras en el caso de quienes los cuidan cuando están cautivos en acuarios y tanques. Incluso, se ha documentado que algunos pulpos tiran agua a cuidadores cuya compañía evitan o en momentos de «enojo» por circunstancias especiales, lo que es una conducta agresiva en el medio natural de estos animales. El documental *Mi maestro, el pulpo* del cineasta Craig Foster y dirección de Pippa Ehrlich mostró de manera inédita el desarrollo de la relación entre un ser humano y un pulpo hembra, desde los primeros y tímidos acercamientos y contactos físicos, hasta lo que no nadie dudaría en calificar como amistad si en vez de un pulpo se tratara de un mamífero: acercarse espontáneamente al buzo, tocar su mano con sus tentáculos y permanecer cerca de él durante tiempos prolongados sin hacer nada, de manera análoga a la compañía de un gato o perro. Existe evidencia anecdótica en la internet de pulpos que se comportan como mascotas, con claras diferencias de «personalidad» entre ellos, como lo muestra convincentemente el libro *The Soul of an Octopus* de Sy Montgomery. Este libro presenta la experiencia de la autora con estas especies, así como testimonios de varios cuidadores de pulpos, mostrando conductas complejas que permiten categorizar sin lugar a duda a estas especies como sintientes.

Los pulpos se usan casi exclusivamente en la ciencia para estudiar su sistema nervioso central, porque es el más complejo entre los invertebrados y por las elaboradas conductas que despliegan en el laboratorio y en la naturaleza. Los primeros experimentos con pulpos involucraban cirugías invasivas y mutilaciones severas que se hacían sin anestesia y sin imaginar que estos invertebrados podían tener algo parecido al sufrimiento. La certeza de hoy de que los pulpos tienen algo análogo y similar a lo que conocemos como «mente» en el ser humano y otros mamíferos ha llevado a regular su uso en la ciencia en algunos países, donde hoy es obligatorio el uso de anestesia cuando hay procedimientos experimentales dolorosos con estas especies.

El examen ético de hacer experimentos con una especie de invertebrados que podría experimentar sentimientos análogos a los de los mamíferos está recién comenzando en la bioética.

La máxima justificación para hacer experimentos con pulpos es que su cerebro sería un modelo adecuado para comprender procesos neurobiológicos del cerebro humano, tal como la memoria, pero esta justificación es exagerada a la luz de los avances científicos de la neurobiología humana, incluyendo a los de la neuroanatomía, la neurología, la psicología y la psiquiatría, de manera que hoy se puede cuestionar que sea necesario seguir sometiendo a pulpos a la tortura de esos experimentos. Después de más de ochenta años de experimentación científica, no hay ninguna evidencia de que los experimentos con pulpos van a permitir comprender mejor los procesos de la memoria y la personalidad humanas, ni la enfermedad de Alzheimer o el Parkinson, o ninguna de las otras graves enfermedades del sistema nervioso central y periférico que afectan al ser humano. Por lo demás, la imagenología moderna ha permitido visualizar el funcionamiento del cerebro humano con una precisión creciente que está enriqueciendo aceleradamente su investigación. Así, hoy se puede cuestionar la utilidad y la eticidad de hacer sufrir a pulpos en experimentos neurobiológicos.

## Las plantas

El argumento de que las plantas pueden experimentar sufrimiento análogo al de los animales carece de bases científicas y se basa en la proyección antropomórfica de nuestros sentimientos hacia los cambios que las plantas experimentan debido a estímulos físicos o ambientales, como la mordida de insectos o la exposición a la luz. Dichos estímulos desencadenan respuestas fisicoquímicas que se propagan por la planta, provocando movimientos complejos, como el acto de atrapar un insecto en la flor de una planta carnívora (Karban, 2008). No obstante, cuando la flor atrapa al insecto, esto no indica la existencia de un sistema nervioso central que coordine respuestas sensoriales y motoras, ni sugiere que la planta haya anticipado el sabor del insecto. El fenómeno se explica únicamente por los cambios fisicoquímicos locales que el insecto estimula, causando el cierre de la flor que así lo atrapa. El conocimiento acumulado sobre el reino vegetal demuestra que las plantas carecen de un sistema análogo al sistema nervioso de los animales, que podría mediar respuestas dolorosas o conductas aversivas (Petruzzello, 2020). En este sentido, la dignidad de las plantas en el contexto de la bioética se refiere al derecho que les reconocemos a existir sin interrupciones innecesarias en su ciclo vital. Por lo tanto, no es éticamente aceptable eliminar plantas durante experimentos científicos mal diseñados o si el conocimiento resultante no posee originalidad, relevancia o utilidad.

Así, la visión biológica de la bioética incluye naturalmente a todas las formas de vida en el concepto de dignidad, además de la humana, de manera que las consideraciones «biológicas» sobre el respeto a la vida en la naturaleza son igualmente válidas para la vida humana. Una de las preguntas que surge entonces es sobre la relación entre el respeto a la vida humana y su dignidad, y los alcances del concepto de «dignidad humana», lo que conduce naturalmente al problema de la eutanasia.

## La eutanasia y la dignidad humana

La discusión sobre la eutanasia está cambiando el significado del respeto a la vida humana, agregando la dimensión del sufrimiento insoportable, físico o psicológico, como condición que disminuye la dignidad y que, para muchas personas, hace moralmente aceptable terminar con la vida propia y la de otra persona. Hasta ahora (2024), la eutanasia se ha legalizado en los Países Bajos, Bélgica, Luxemburgo, Canadá, España, Nueva Zelanda y Portugal. En América Latina, es legal en Colombia y Ecuador, y en Australia lo es en los seis estados, pero no en los territorios. El suicidio asistido es legal en Austria, Bélgica, Canadá, Alemania, Luxemburgo, los Países Bajos, Nueva Zelanda, Portugal, España, Suiza, Australia y algunos estados en los Estados Unidos de América (Wikipedia).

La eutanasia y el suicidio asistido plantean riesgos éticos que no se han examinado en nuestra sociedad con la profundidad que es indispensable cuando se trata de autorizar a matar a una persona. Por ejemplo, es concebible el escenario en que habrá más eutanasia/suicidio asistido entre las personas pobres y con menor educación, ya que ellas tienen menos acceso a la ayuda médica, psicológica y social que podría reducir su sufrimiento y hacerlo soportable sin necesidad de morir antes de tiempo. Además, se puede prever que aparecerán incentivos monetarios para el suicida y su familia, con el fin de que donen su cuerpo para trasplantes de órganos. Después de todo, ya está ocurriendo algo similar con el tráfico de riñones de gente pobre para pacientes con suficientes recursos económicos, que los compran desde localidades rurales y empobrecidas del Tercer Mundo. Esto último ocurre hoy en la India y Nepal, hasta donde llegan pacientes de países desarrollados a comprar riñones para que se los trasplanten en clínicas privadas dedicadas al tráfico de órganos (Bengali y Parth, 2016; News European Parliament, 2015; Warsi, 2023).

Las muertes inducidas legalmente van a ser también una oportunidad para empresas farmacéuticas y centros de investigación interesados en experimentos con seres humanos. Así, se podría solicitar al suicida que, antes de morir, ingiera medicamentos nuevos para describir su efecto en sus órganos y tejidos que se obtendrán después de su muerte. Esto a su vez planteará la necesidad de seleccionar maneras de morir que no afecten negativamente los tejidos antes de su utilización; por ejemplo, usando un episodio transitorio de hipoglucemia que destruya la corteza cerebral, produciendo así muerte cerebral, pero sin dañar irreversiblemente los otros órganos. Luego, será necesario planificar el uso del cuerpo, manteniéndolo con ventilación pulmonar artificial y con sus funciones vegetativas controladas por máquinas todo el tiempo que sea necesario. Porque, después de todo, ¿quién podría negarse a beneficiar a toda la humanidad si igual va a terminar voluntaria y libremente con su vida? Se puede plantear incluso el argumento de que es un deber ético beneficiar a toda la humanidad usando el cuerpo cuya vida la propia persona decidió terminar, lo que tendría la ventaja psicológica de un manto de filantropía sobre el uso científico y comercial del suicidio y la eutanasia.

Las consideraciones anteriores ilustran solo una pequeña parte del complejo panorama de riesgos éticos que se abren con la eutanasia/suicidio asistido, y que ya se están viviendo en aquellos países donde se ha legalizado. Pero el riesgo moral más importante de la eutanasia y el suicidio asistido es que abren la puerta para el concepto de vidas humanas que no merecen ser vividas. La humanidad ha luchado durante siglos contra las ideologías que se arrogaron el derecho a dictaminar quién merece o no vivir, que es lo que pensaban los nazis en la Europa del siglo XX, el Ku Klux Klan, el Khmer Rouge, los asesinos de las dictaduras militares y todos los enemigos del humanismo universal. Cada vez que se ha aplicado el concepto de vidas humanas que no merecen vivirse, los desastres sociales y políticos solo han conseguido alejar al ser humano de la utopía de un mundo sin enfermedades, sin imperfecciones físicas ni espirituales y, sobre todo, sin sufrimiento.

Hoy, existe todo el conocimiento y la tecnología digital, farmacológica y médica para aliviar el sufrimiento de cada una de las enfermedades del ser humano, no necesariamente para su curación, pero sí para que quienes las padecen no sufran dolor ni malestares fisiológicos y psicológicos que los hagan añorar su propia muerte. Lo que nos falta es la decisión de hacer que tales recursos estén al alcance de todas las personas que los necesitan, porque el acceso a la salud física y mental es donde más se manifiestan las desigualdades sociales.

Si toda la energía y el dinero que se están invirtiendo para convencernos de que la eutanasia es buena se destinaran a construir el mejor sistema de salud pública, no habría espacio para que alguien planteara el absurdo ético de que la muerte es la mejor solución a los problemas de salud. No cabe duda de que muchas veces es más barato terminar la vida de alguien que costearle las terapias paliativas de su sufrimiento, sobre todo en los casos más extremos, pero esto es consecuencia de convertir a la salud en un bien de consumo en vez de reconocerle su carácter de derecho humano.

Así, la eutanasia es todo lo contrario a la búsqueda de la muerte digna, y es incompatible con la dignidad humana. Porque lo verdaderamente indigno no es el sufrimiento, sino que aceptemos pasivamente la falsedad de que la salud es un bien de consumo, y que quien no puede pagar tiene que morir para dejar de sufrir. Un país como el nuestro, que invierte sumas enormes de dinero importando cosas de lujo para la minoría de la población, y que despilfarra ingentes cantidades de recursos por la corrupción y la ineficiencia, no tiene autoridad moral para legalizar la eutanasia con el pretexto de terminar el sufrimiento de quienes no pueden tener la salud que necesitan. Porque eso, al fin y al cabo, es la eutanasia: un trueque entre el cuidado de la vida de quien sufre, por una parte, y las consideraciones economicistas en la salud, por la otra. Aceptar la eutanasia es el triunfo de las leyes del mercado sobre la ética de la vida.

Sin embargo, una corriente de pensamiento filosófico, la utilitarista, ha recurrido al viejo truco de dejar de considerar seres humanos a algunas categorías de personas, para así conciliar su discurso de respeto a la vida humana con la práctica de terminarla (ver, por ejemplo, Peter Singer en Wikipedia). Es un tema largo y complejo que está fuera del alcance de estos apuntes. Sin embargo, no se puede dejar de recordar que esta manera de pensar se ha utilizado repetidas veces en la historia para abusar y asesinar a millares de mujeres y hombres, incluyendo a indígenas del continente americano y a personas de la raza negra. En el siglo XX, el genocidio nazi contra romaníes, judíos y judías, homosexuales y comunistas también se basó en la negación de su condición de persona humana.

Los utilitaristas argumentan que la autoconciencia es la condición definitoria de lo humano, y esto es probablemente aplicable en el caso extremo de la muerte cerebral. Sin embargo, este argumento no considera que cada vida humana existe en un contexto familiar y social, y, por lo tanto, sus significados no se agotan en la dimensión biológica del cuerpo, sino que existen también en la conciencia y los sentimientos de las personas que constituyen su «ecosistema social».

Eliminar una vida humana porque no tiene autoconciencia minimiza la existencia humana al plano biológico más reduccionista, al del individuo aislado y justificado solo en su rol utilitario como ente productivo materialmente para la sociedad. Sin embargo, ignora nuestra dimensión social, que alcanza a la conciencia de quienes nos rodean, enriqueciéndola en sus dimensiones afectivas y existenciales. No se puede explicar de otra manera que el altruismo familiar y social haya sobrevivido por milenios, gracias a la fuerza del más poderoso sentimiento del cerebro humano, y que, a falta de un vocablo más «científico», conocemos como amor. Mientras existan familiares, amistades y personas de buena voluntad, deseosas y dispuestas a ayudar, mantener, cuidar y amar a una persona en el estado de salud en que se encuentre, no es éticamente admisible terminar con una vida humana.

La creciente popularidad de la eutanasia se basa en que las etapas finales de la vida de una persona pueden ser muy prolongadas y requerir cuidados permanentes y muy gravosos para la familia, hasta el punto de hacer materialmente imposible la atención paliativa básica requerida. Esta última tiene siempre un costo económico muy alto, que está verdaderamente fuera del alcance de la mayoría de las familias. En Chile, la gran y creciente cantidad de personas de la tercera edad que alcanzan estas etapas ha sobrepasado la capacidad del sistema público de salud para atenderlas adecuadamente. Así, hoy la conversación y discusión sobre la eutanasia tiene un grado de urgencia práctica que determinará las decisiones políticas, familiares y personales sobre este candente problema.

La creciente conciencia de la necesidad ética y práctica del respeto a la vida, humana y no humana, lleva naturalmente a la consideración del ambiente como sujeto de derecho, ya que su existencia es una condición esencial para la vida.

## El respeto por el ambiente

Uno de los avances de la bioética fue elevar el ambiente a la categoría de objeto de derecho, por lo cual hoy tenemos el deber de conservarlo, protegerlo y mantenerlo. Durante casi toda la historia, la especie humana se consideró dueña absoluta del planeta, con el derecho ilimitado a usar el ambiente de la manera más conveniente para sus fines particulares, por ser la especie biológica dominante en la cúspide de la pirámide de la depredación.

Esto fue posible porque la escala de uso del ambiente y los recursos naturales era tan pequeña que nadie podía imaginar la desaparición de especies y ecosistemas completos. El planeta parecía indestructible.

Hoy, la situación es diferente, y todos los días se pierde biodiversidad y ecosistemas por nuestra actividad económica. Las poblaciones de especies marinas se han reducido en la zona intermareal y en alta mar, y se ha demostrado que hay reducción en todo el planeta de las poblaciones animales, incluyendo a los insectos y las aves. La contaminación del aire es consecuencia de nuestro sistema de vida y de la actividad económica, y es lo que provoca el calentamiento global, con sus efectos en todos los niveles de organización de la vida. Mucho de lo anterior resulta de acciones humanas específicamente dirigidas a destruir el ambiente; por ejemplo, la quema de la selva amazónica está acelerando el cambio climático en todo el planeta, hipotecando el futuro de los países amazónicos y de toda la humanidad.

La creciente conciencia de la necesidad de preservar la biósfera hizo que el respeto por la integridad de la naturaleza sea hoy un imperativo ético, lo que a su vez convierte a la ecología y al conservacionismo en una necesidad educativa y de investigación ineludible para las universidades públicas. Hoy, resulta un deber moral que los problemas ecológicos y ambientales sean materia de estudio e investigación preferente en la universidad.

Sin embargo, es necesario reconocer que existen diferentes posturas filosóficas y bioéticas ante la necesidad de proteger el medio ambiente, que incluyen a la ecología profunda, al biocentrismo, al utilitarismo y a la ecología política, por mencionar algunos ejemplos. Examinar en profundidad el complejo panorama de esta diversidad ideológica está fuera de los alcances de un texto introductorio como estos Apuntes, pero las personas interesadas pueden encontrar sin dificultad mucha información sobre este tema en la internet.

Así como la visión biológica amplió la dimensión de la dignidad humana a todas las formas de la vida e implicó elevar al medio ambiente a la categoría de objeto de derecho, los significados de otros valores éticos también se han expandido al considerarse a través del prisma de la biología, como ha ocurrido, por ejemplo, con los valores de la justicia y la honestidad.

## La justicia distributiva

La justicia es el deber de actuar con la verdad y dar a cada persona, y a cada comunidad o grupo, lo que corresponde. Pero la justicia en la ciencia tiene un apellido importante: debe ser distributiva; esto es, que sus beneficios y riesgos se distribuyan equitativamente en la sociedad y en la humanidad.

Lo distributivo de la ciencia debe comenzar en la selección del tema de estudio, lo que significa que no se debe excluir de la investigación científica a problemas o temas que afecten preferente o exclusivamente a grupos minoritarios o desfavorecidos, y que la proporción de recursos asignados a ellos no debe ser arbitrariamente menor que los destinados a los problemas de la gente con más recursos económicos.

Debido a que los países desarrollados llevan a cabo la mayor parte de la ciencia mundial, es inevitable que los recursos del planeta se destinen preferentemente a investigar los temas que son de prioridad para ellos. Sin embargo, los países desarrollados también practican la filantropía científico-tecnológica, abordando con urgencia enfermedades de países pobres, tales como el ébola y la malaria, a través de las Naciones Unidas y la Organización Mundial de la Salud. Los ejemplos de esto incluyen las campañas para erradicar la viruela y la polio. Sin embargo, la poca capacidad científica de los países subdesarrollados inevitablemente implica que sus urgencias locales de ciencia y tecnología no se benefician todo lo que podrían del progreso científico universal.

La selección de los sujetos de investigación es otra área donde históricamente no ha existido equidad en la ciencia. Los casos de estudio de la sífilis en campesinos afroamericanos pobres de EUA y niños huérfanos y gente pobre de Guatemala, que comenzaron antes de que existieran antibióticos, pero continuaron sin dar tratamiento a los pacientes mucho después de que se descubrió la penicilina (los experimentos de Tuskegee y de Guatemala), son casos de estudio en los cursos de bioética (Wikipedia).

La investigación clínica de hoy se sigue haciendo preferentemente con gente pobre de países subdesarrollados y en vías de desarrollo. Por ejemplo, eso es lo que ocurrió con las investigaciones sobre los métodos anticonceptivos realizadas en el siglo XX (por ej., ver Hernández y cols., 2017). En esos estudios ocurrió un curioso caso de inequidad, donde el sujeto de la injusticia fue el hombre: la búsqueda de métodos anticonceptivos se ha centrado históricamente en la mujer, con menos estudios dedicados a diseñar un método que permita regular la fertilidad directamente en el hombre.

Otra forma más sutil de inequidad biológica en la selección de sujetos de estudio se da en la fisiología experimental con animales de laboratorio. Los modelos de estudio preferentes de la fisiología (exceptuando, por cierto, la fisiología reproductiva femenina) han sido la rata y el ratón de sexo masculino, porque son animales fáciles de manipular. Se ha excluido por décadas a las hembras de estas especies porque el ciclo ovárico es una complicación adicional, y se consideraba en general que los resultados obtenidos en los machos eran extrapolables a las hembras. Y como los roedores en la fisiología han sido un modelo útil para entender muchos aspectos de la fisiología humana, el razonamiento implícito fue que la fisiología del hombre es igual a la de la mujer excepto en la parte reproductiva. La ventaja operacional de este argumento es que simplifica los diseños experimentales y los modelos teóricos. El problema es que la fisiología femenina no es simplemente la del macho sin testosterona, y en muchas áreas las diferencias entre ambos sexos son relevantes para el bienestar y la salud. Un ejemplo de lo anterior es la diferente respuesta inmune y de regulación de mujeres y hombres a la infección con el virus COVID-19, que explica que las personas fallecidas a nivel mundial por este virus en ambos géneros sean 40 y 60 %, respectivamente.

La selección de la rata y el ratón como los animales de laboratorio preferidos, tanto por las universidades como por las empresas farmacéuticas y de biotecnología, permitió el acelerado avance de la biología y la medicina en el siglo XX, pero hoy es necesario preguntarse por los límites de la utilidad de tales modelos.

El uso preferente de roedores en la biología produjo además la «bioinjusticia» de excluir a la mayor parte de las otras especies de la investigación científica, privándolas de beneficiarse plenamente del conocimiento de su biología (fisiología, bioquímica, biología celular y molecular, etc.). No se trata de que no existan estos estudios, sino que son una pequeña proporción de lo que se investiga en roedores de laboratorio. Esto es la expresión biológica de la falta de justicia distributiva en la ciencia, y hoy constituye un obstáculo cuando se trata de salvar a las especies en peligro de extinción, ya que la mayoría de las veces no se conoce lo suficiente de su biología como para entender los mecanismos fisiológicos que subyacen a la disminución acelerada de sus poblaciones naturales.

## La justicia distributiva y el edadismo

La edad es otra área donde se expresa la injusticia distributiva de la ciencia. Los estudios fisiológicos de laboratorio se han hecho preferentemente en animales jóvenes que apenas han alcanzado la madurez sexual. Hay pocos estudios experimentales de la regulación fisiológica en animales de edad avanzada, y se supone en general que los modelos que han informado nuestra comprensión del funcionamiento del cuerpo, basados en roedores adultos jóvenes, son igualmente válidos para todos los grupos etarios.

La tercera edad como tema de investigación aún no llega plenamente a los laboratorios biológicos como una categoría de estudio con la misma intensidad que los temas clásicos de las ciencias biológicas, a pesar de la evidencia de que la estructura y la fisiología animal evolucionan durante la vida no necesariamente como un proceso de deterioro, sino también como la evolución ontogenética de la regulación fisiológica a medida que el organismo se adapta a su cambiante interacción entre el medio interno y el externo.

## La justicia distributiva y la diseminación del conocimiento científico

Que los beneficios de la ciencia se distribuyan equitativamente en la sociedad implica necesariamente que la difusión del conocimiento científico sea equitativa, ya que el conocimiento en sí es bueno para todas las personas. Y, sin embargo, también en esto el beneficio no se distribuye por igual en nuestra sociedad y en el mundo, porque el lenguaje de la ciencia de hoy es el idioma inglés, y en nuestro país la gran mayoría de la gente no sabe leer inglés como para acceder a las fuentes del conocimiento de la ciencia, ni posee el nivel adecuado de alfabetismo científico para entenderla.

Para el mundo científico es tan natural comunicarse en inglés que incluso nuestra propia ciencia chilena se disemina casi enteramente en este idioma, con muy pocas publicaciones importantes escritas en español. Hay razones históricas, lógicas y atendibles que justificaban tal situación, pero la sensibilidad ética de hoy exige que el conocimiento científico llegue a toda la sociedad de nuestro país, especialmente considerando que es ella la que financia la ciencia. Hoy, es éticamente objetable que la ciencia que hacemos en Chile no se disemine localmente en español, tal como lo hacemos en revistas especializadas de países desarrollados que publican en inglés. Porque la ciencia nacional no puede seguir ignorando el problema del analfabetismo científico local, ya que este es un obstáculo para que la sociedad ejerza el derecho fundamental de influir en el devenir de la ciencia que está financiando directamente con sus impuestos.

## La justicia distributiva y la diversidad sociocultural

Otra esfera hacia donde hoy es ineludible extender la justicia distributiva es en el reclutamiento de jóvenes de todos los niveles sociales, étnicos y culturales para la ciencia. Es evidente que no ha existido la preocupación por tener una comunidad científica representativa de la rica diversidad humana de Chile, especialmente en lo concerniente a los grupos indígenas. A esto hay que agregar que la necesidad de investigar las manifestaciones biológicas, psicológicas y sociales de la diversidad de género hace necesario también incluirla activamente en la generación del conocimiento científico.

La representatividad de la diversidad humana en la ciencia no es meramente una necesidad abstracta o política de la bioética moderna, sino que también es una necesidad metodológica, ya que las diferentes cosmovisiones y afectos de las minorías solo pueden enriquecer las preguntas y respuestas científicas, evitando así que se excluyan sus necesidades y prioridades, y ampliando la comprensión del mundo al que aspira la ciencia moderna.

Uno de los argumentos falaces para justificar la poca o nula representación de las minorías en los deportes, en la ciencia, en la actividad económica y entre los profesionales es de carácter numérico: hay pocos porque son un porcentaje muy pequeño de la población. Lo falaz de este argumento es que ignora que la justicia no es un valor económico, estadístico o numérico, de manera que el hecho de que un grupo sea el 1 % de la sociedad no significa que debe recibir el 1 % de los bienes y servicios. Porque esto no es un asunto de distribución aritmética, sino de acceso justo a todas las esferas donde la participación es importante para que las propias visiones y necesidades no sean ignoradas. En otras palabras, la inclusividad en el reclutamiento de jóvenes para la ciencia es una condición para que esta aumente su pertinencia con respecto a los problemas específicos y locales que afectan a todos los segmentos y grupos en nuestra sociedad.

## La pertinencia y la urgencia

La pertinencia de la ciencia significa que debe ser adecuada y oportuna en un determinado momento, situación y lugar. El problema es que, cuando se trata de problemas globales, el lugar es todo el mundo, y esto hace que uno se olvide de lo local.

Los problemas globales que aquejan al ser humano han puesto al planeta en el riesgo de llegar a ser inhabitable por nuestra especie y por muchas de las formas de vida que conocemos. Esto origina el imperativo moral de salvar la vida en el planeta, lo que involucra un gran número de nichos de investigación científica que son esenciales para esta misión. Pero nadie investiga globalmente, sino que los experimentos se hacen en lugares específicos. De manera que, siendo imperativo pensar globalmente, nuestra ciencia nacional tiene que ocuparse de las manifestaciones locales de los problemas globales. No podemos seguir autoengañándonos con la ilusión de que estamos haciendo algo importante solo porque el tema es importante, aunque no tenga directamente ningún impacto local.

Para la ciencia de hoy existe una jerarquía de pertinencia en los problemas científicos, ya que no es lo mismo gastar recursos investigando urgencias que examinando fenómenos que bien podrían estudiarse en otro momento o lugar. Un ejemplo de esto es la actual pandemia del virus COVID-19.

La COVID-19 demostró el tipo de organización de la ciencia que se necesita hoy cuando se enfrenta una amenaza grande y urgente para el ser humano. Miles de científicas y científicos se movilizaron en los países desarrollados, en universidades públicas y privadas, en laboratorios estatales y empresas farmacéuticas y de biotecnología. La magnitud de este esfuerzo se reflejó en el presupuesto inicial que destinó el gobierno federal de EUA para tal efecto: 8 billones de dólares americanos, a lo cual hay que sumar sumas similares invertidas por las empresas farmacéuticas y biotecnológicas. La disparidad de recursos humanos y materiales entre los países implica que hubo muy pocas posibilidades de que el Tercer Mundo pudiera contribuir significativamente al desarrollo de terapias contra la COVID-19. Así, a solo meses de nacida la pandemia, ya había decenas de vacunas, con sus cadenas de producción preparadas para el escalamiento y sometidas a las pruebas de bioseguridad y eficacia en ensayos clínicos controlados, pero ninguna de ellas desarrollada en países subdesarrollados.

Lo que estamos observando en la ciencia detrás de la COVID-19 es válido para todas las áreas del conocimiento, porque la disparidad de recursos humanos y materiales entre los países desarrollados y los subdesarrollados relega cada vez más el aporte científico de los países pobres a la marginalidad, especialmente cuando se trata de problemas de salud universales tales como el cáncer y las enfermedades virales. Esto tiene consecuencias para la eticidad de la ciencia en Chile, porque cabe cuestionarse la utilidad de abordar en nuestro país los mismos problemas que ya están siendo investigados en centros científicos del primer mundo, si no contamos con los recursos humanos, materiales y sociales para hacer aportes trascendentes que redunden efectivamente en beneficios para nuestros países y la humanidad.

En cambio, hay muchas áreas donde lo local de nuestros problemas significa que tenemos el deber ético y la urgencia de investigarlos, aunque no tengan el glamour y la visibilidad de los grandes temas científicos que ocupan la atención del público y la prensa. La infinidad de problemas locales, propios de nuestra realidad nacional, que necesitan el aporte de la ciencia para mejorar la calidad de vida en nuestro país, debieran ocupar parte importante de la actividad de investigación científica y tecnológica nacional, por el principio ético de la pertinencia local de la ciencia en un país en vías de desarrollo.

Sin embargo, en el contexto de lo anterior, no podemos olvidar que un país como el nuestro necesita contar con científicos y científicas que entiendan y se comuniquen con la ciencia de los países más desarrollados, aunque nuestra propia ciencia no sea tan avanzada, porque es importante que nuestra cultura interactúe adecuadamente con la de los países desarrollados. Esto es indispensable en primer lugar para actualizar permanentemente nuestra visión de la naturaleza y del ser humano, que se renueva y cambia con el avance del conocimiento, y en segundo porque la ciencia nacional tiene también la misión de incorporar el conocimiento científico universal al lenguaje social, académico, político, gubernamental y empresarial de nuestro país. Los científicos del Tercer Mundo somos los centinelas de la ciencia del primer mundo en nuestros países, y si no cumpliéramos esta misión, nuestros países navegarían a ciegas hacia un futuro incierto, en medio del avance científico y tecnológico mundial.

Mirar nuestra ciencia como lo que verdaderamente es en el contexto de las desigualdades entre los países más avanzados y los subdesarrollados, es un necesario ejercicio de honestidad que le debemos a la sociedad. Muchas veces nuestra ciencia local aparece en la prensa nacional con exagerada sobrevaloración de su importancia global, debido a que no se la contextualiza en el escenario mundial. Esto es un engaño a la sociedad y aleja la atención del imperativo ético de la relevancia local de la ciencia.

Lo prevalente de esta conducta muestra que necesitamos examinar todos los alcances de qué significa ser honesto en la ciencia de nuestro país.

## La honestidad

Las consideraciones anteriores indican la necesidad de expandir el principio de la honestidad a todas las dimensiones de la actividad científica, más allá del tradicional respeto a la integridad de los resultados y conclusiones. Porque asumir la dimensión de la verdadera importancia de nuestros aportes científicos en la ciencia mundial es esencial para la evaluación social de nuestra ciencia, lo que a su vez influye en el financiamiento público de los proyectos de investigación. Muchas veces se exageran las proyecciones reales de un determinado proyecto, aunque a los ojos de expertos bien informados tenga pocas posibilidades de hacer contribuciones fundamentales y trascendentes y producir tecnologías aplicables en áreas como la agricultura y la medicina. Esto suele ocurrir con proyectos de presupuestos reducidos financiados por las propias universidades, y en particular en las investigaciones básicas con modelos animales de enfermedades del ser humano.

El principio de la veracidad en la obtención y difusión de los datos experimentales y las ideas es inherente a la esencia de la ciencia, que se basa en la confianza en la comunicación científica. Sin embargo, en todas las épocas se han conocido ejemplos de fraudes científicos, tales como el clásico caso del hombre de Piltdown, que se consideró verdadero por más de 40 años (Wikipedia). Hoy, siguen apareciendo ejemplos graves de fraude que causan gran daño a la investigación científica mundial y también nacional. En nuestro país hemos tenido casos de duplicación de publicaciones con los mismos datos experimentales para inflar la productividad científica, e incluso se ha descubierto la falsificación de títulos profesionales y grados académicos en personas que han estado trabajando por años en las universidades.

El tipo de fraude en la ciencia más conocido es la falsificación de datos experimentales, que es una conducta que destruye el fin último de la ciencia, pero no es la única. Otras formas de conductas fraudulentas incluyen:

i)   el robo de datos e ideas

ii)  incluir a científicos famosos en las publicaciones con el fin de aumentar la visibilidad de la publicación, aunque no hayan participado en la investigación

iii) excluir a colaboradores menos importantes, aunque hayan contribuido a la publicación, abuso del cual se quejan frecuentemente muchos estudiantes universitarios

Todas ellas son transgresiones a la veracidad de la ciencia, que minan su credibilidad y autoridad moral. Pero las manifestaciones de deshonestidad en la ciencia pueden ser más sutiles, porque se enmascaran con facilidad en el sinfín de conductas que constituyen su vida social.

Por ejemplo, hay muchas maneras de presentar los datos, y todas destacan algún aspecto de los resultados, de manera que uno puede cumplir formalmente con mostrar todo, pero usando la forma de presentación que más conviene a nuestras hipótesis, sin mencionar las que restan fuerza a las conclusiones. Dado que la distorsión es inherente a todas las formas de presentar los resultados, es probable que la manera más honesta de examinarlos y presentarlos sea usar varias formas de graficarlos y tabularlos, incluyendo aquellas que no apoyan nuestras hipótesis y conclusiones. Esto no excluye, por cierto, destacar lo que conviene a las conclusiones propias, pero permite que quienes examinan los resultados de la investigación tengan acceso al proceso completo de análisis de los datos y facilita que decidan libremente si están de acuerdo o no con las conclusiones de los autores.

Una forma de deshonestidad muy difundida es no presentar de una vez todos los datos de una serie de experimentos, con tal de generar innecesariamente un mayor número de publicaciones, lo que hace difícil que otros científicos repliquen los experimentos y progresen en sus propias investigaciones. Esto es mentir por omisión, caso en el cual se dice la verdad, pero no toda la verdad, engañándose así a la sociedad y obstaculizando el progreso científico.

El desarrollo de conductas deshonestas en la ciencia universitaria se puede fomentar por su alto grado de verticalidad y jerarquía de poder, que es consecuencia en último término de la jerarquía del conocimiento y la experiencia en el mundo científico. Esta jerarquía funciona de manera natural y es positiva en el mundo de las ideas y de los experimentos, pero si los tesistas o investigadores de menor rango en el grupo manifiestan su desacuerdo con actitudes y conductas que consideran deshonestas, se arriesgan a ser excluidos si la jefatura del proyecto se ofende. Los y las jefas de un proyecto de investigación tienen poder absoluto para decidir quién es tesista en el marco del proyecto que él o ella dirige, e incluso pueden desafiliar del proyecto a un coinvestigador o coinvestigadora, siendo muchas veces suficiente que informen de su resolución a la fuente de financiamiento. Lamentablemente, los abusos de poder dentro de proyectos de investigación no son desconocidos y resaltan la situación de fragilidad contractual de los subordinados, lo que hace difícil que la deshonestidad se controle por la presión social dentro de grupos de investigación y en la universidad.

# Tópicos especiales de la bioética universitaria

## La verticalidad de la bioética en la universidad

La enseñanza y la práctica de la bioética en nuestras universidades es fundamentalmente vertical, de arriba hacia abajo, y nuestros alumnos acuden a los cursos de bioética para aprender de nosotros una disciplina que se ha moldeado casi enteramente por el pensamiento filosófico y reflexivo de países occidentales desarrollados. No existe todavía en la visión de la bioética universitaria la idea de que ella necesita la participación estudiantil creativa, en un proceso de coaprendizaje con sus docentes. Esto es un obstáculo para la educación de la autonomía moral, porque excluye de la docencia la sensibilidad ética del estudiantado.

Los problemas que afectan la sensibilidad ética de estudiantes de la carrera de bioquímica en nuestra Universidad, manifestados en cursos de bioética durante varios años, incluyen a:

a) La bioseguridad en los laboratorios de docencia
b) La calidad de la vida universitaria, la falta de honestidad entre estudiantes, y entre docentes y estudiantes
c) Las deficientes facilidades y equipamiento para acoger a estudiantes con necesidades especiales
d) Las políticas para estudiantes embarazadas y/o con hijos
e) El machismo
f) El medio ambiente
g) El estrés y la depresión asociados al régimen de estudio
h) Las adicciones en el estudiantado
i) La deshonestidad de los estudiantes

j)  La falta de fomento del deporte entre el estudiantado

k)  Falta educación en la diversidad de género

l)  El aborto en las estudiantes

m) El lucro en la educación

n)  Las relaciones interpersonales

o)  Fomento de la competencia en vez de la colaboración entre estudiantes

El listado anterior muestra que mucho de la sensibilidad ética estudiantil no está incluida en los cursos formales de bioética. Por supuesto, no se trata de no estudiar los tópicos de un curso de bioética tradicional, sino de acoger además la sensibilidad ética de la sociedad chilena a través de sus estudiantes, tanto en la docencia como en la investigación en bioética.

Recientemente, un grupo de estudiantes de Bioquímica de nuestra Facultad publicó los resultados de su investigación sobre problemas éticos vividos durante sus estudios de pregrado (Cárdenas y cols., 2016). Ellos se dieron cuenta de que la participación de estudiantes universitarios en la ciencia ocurre como (a) sujetos de estudio y (b) ayudantes de investigación. Las particularidades de ser sujeto de estudio en investigaciones efectuadas en la universidad cuando se es estudiante incluyen la vulnerabilidad de pertenecer al grupo de menos poder en la jerarquía académica y la presión adicional de que sean sus docentes quienes efectúen el reclutamiento y las investigaciones. Esto último puede fácilmente violar los requerimientos básicos del consentimiento libre e informado, a menos que se tomen todas las medidas que garanticen la libertad para consentir. En tal sentido, las y los estudiantes de los primeros años en la universidad son más vulnerables debido a su desconocimiento de la ética de la ciencia, de sus derechos y de las complejidades de la vida universitaria.

Con respecto a su participación como ayudantes de investigación en los laboratorios, es un sentimiento extendido que muchas veces se excluye a los estudiantes de la lista de coautores de las publicaciones, a pesar de su participación en los experimentos y seminarios de diseño y análisis de resultados. Una de las conclusiones de los estudiantes de Bioquímica fue que es necesaria la implementación de un comité de ética de la ciencia universitaria que esté formado exclusivamente por estudiantes. La misión de este comité estudiantil incluiría cautelar el respeto a sus derechos durante su participación en la ciencia, ya sea como sujetos de estudio o como científicos en formación. No hay ninguna razón moral o legal hoy en día para que los estudiantes no examinen colegiadamente la eticidad de su rol en la universidad, y esto sería un avance en el empoderamiento democrático de la juventud y de toda la sociedad (Cárdenas y cols., 2016).

Los problemas bioéticos que deben ser examinados con los y las estudiantes en la universidad incluyen los derechos animales, especialmente el uso de animales en la ciencia y la docencia.

## Visiones estudiantiles sobre el uso de animales en la docencia

Un ejemplo de la profundidad de la reflexión bioética de los estudiantes de pregrado son los resultados de un proyecto desarrollado por alumnas y alumnos de la carrera de Bioquímica de la USACH, en el cual examinaron los desafíos éticos del uso de animales de laboratorio en su docencia (Andrade y cols., 2015). Un aspecto importante de esta investigación es que se basó en su propia experiencia universitaria. Ellos identificaron tres categorías de uso legítimo de animales en sus cursos:

(1) Demostración de fenómenos biológicos y entrenamiento en la observación, la recolección de datos experimentales y su análisis

(2) Entrenamiento en competencias técnicas de laboratorio básicas en la bioquímica

(3) Modelos de estudio en las unidades de investigación y en las tesis

Las y los estudiantes plantearon el requerimiento ético de contar con personal técnico entrenado para manipular los animales, con el objeto de minimizar su sufrimiento. Para muchos procedimientos, en particular los que involucran técnicas invasivas complejas, tales como la anestesia, la extirpación de órganos y la cirugía para aplicar tratamientos crónicos, es esencial la presencia de un médico veterinario dada la complejidad de las competencias necesarias para minimizar el sufrimiento animal. Sin embargo, esto no ocurrió en sus laboratorios docentes, lo que los llevó a concluir que los animales no se usaron respetando la cultura del bienestar animal que es prevalente hoy en la ciencia.

Otro problema ético que detectaron es lo que ocurre cuando se adquieren más animales que los que se usan efectivamente en los laboratorios de docencia. La suerte de estos animales excedentes es un tema de preocupación, y plantearon su donación para actividades docentes o su adopción como mascotas como opciones preferibles a su eutanasia.

Lo anterior demuestra que la visión ética de estudiantes de una carrera científica como la Bioquímica es compatible con el uso de animales en la docencia, pero que es necesario incorporar su sensibilidad ética y los conceptos modernos del bienestar animal en tales laboratorios. Como era de esperar, su opinión no es la del activismo animal extremo. A pesar de ello, las universidades han prácticamente excluido el uso de animales en la docencia de laboratorios, requerida en materias tales como la bioquímica, la fisiología y la fisiopatología. Esto priva a las nuevas generaciones de las carreras científicas del conocimiento directo y profundo de procesos tan importantes como la regulación de la presión arterial, la ventilación pulmonar y la fisiología reproductiva. La eliminación de los laboratorios docentes de biología y medicina que usan animales es resultado del temor a las acciones extremas del activismo animal y no de la convicción de que tales actividades no son importantes en la formación de los futuros profesionales de las áreas biológica y médica. Al renunciar a esta docencia, las universidades dejan de cumplir con su deber moral de ofrecer la mejor educación posible a sus estudiantes y a la sociedad.

Las consideraciones anteriores sobre la visión colectiva de estudiantes universitarios sobre tópicos de bioética resaltan el hecho de que los grupos de personas pueden actuar como una comunidad en el diálogo social de la bioética. La comunidad como ente dialogante en la bioética representa una etapa reciente en la evolución de esta disciplina, lo que implica que debemos reconocer a la comunidad estudiantil como un sujeto de derecho, cuya voz colectiva tiene que incorporarse a la vida universitaria.

## La comunidad como sujeto de derechos

Uno de los últimos avances de la sensibilidad ética en Occidente es el reconocimiento de que el grupo también es un sujeto de derechos, al igual que el individuo. La importancia de esto es enorme porque da voz a las comunidades cuando es necesario definir y dirimir los conflictos éticos y legales. En otras palabras, la autonomía se ha extendido desde el individuo a la comunidad. Así, por ejemplo, algunas comunidades indígenas del Amazonas han obtenido victorias legales defendiendo la integridad y conservación de los bosques que han habitado y cuidado durante siglos, en litigios contra empresas que pretendían explotarlos talando los árboles y, de paso, destruyendo la biodiversidad del Amazonas. En tales casos, se ha reconocido el derecho de la tribu a usar el bosque, basándose en su uso ancestral, por ser indispensable para que la tribu mantenga su modo de vida. En este tipo de conflictos se suman dos derechos relativamente nuevos en la bioética: el de la tribu a existir como tal en su interacción con el ambiente, y el del bosque a ser protegido.

Los derechos de etnias originarias no siempre se reconocen por el sistema legal en Chile, y la mayoría de las veces las empresas han obtenido victorias judiciales que les permiten apropiarse de recursos naturales tales como el agua de valles cordilleranos y precordilleranos, destruyendo comunidades indígenas tradicionales. Sin embargo, el reconocimiento de la comunidad como sujeto de derecho es difícil de revertir, y probablemente se hará cada vez más universal, aunque su incorporación a los sistemas legales de los países será un proceso lento debido a que se opone a intereses económicos importantes.

Recientemente, el estatus de sujeto de derecho de una comunidad se reconoció también en el ámbito de la salud por el Consejo de Organizaciones Internacionales de las Ciencias Médicas (CIOMS) en colaboración con la Organización Mundial de la Salud, en la última versión (2017) de las *Pautas éticas internacionales para la investigación en seres humanos*. Estas Pautas representan la culminación de la evolución de la bioética de los derechos humanos frente a la ciencia y la medicina, proceso que comenzó cuando se conocieron los experimentos nazis en los campos de concentración durante la Segunda Guerra Mundial. En la pauta 7 de este documento se establece que:

> *Los investigadores, patrocinadores, autoridades de salud e instituciones pertinentes deberían trabajar conjuntamente con los posibles participantes y comunidades en un proceso participativo significativo que los incluya de una manera temprana y sostenida en el diseño, desarrollo, ejecución, diseño del proceso de consentimiento informado y monitoreo de la investigación, así como en la diseminación de sus resultados.*

En las Pautas de la CIOMS se explican detalladamente las consideraciones que hacen positivo para la ciencia incorporar a la comunidad de la cual forman parte los pacientes y voluntarios, en todas las etapas de la investigación científica. Un aspecto importante es que las personas en las comunidades más pobres tienen poco poder individual para defender sus derechos en el marco de la relación medicina-paciente o ciencia-sujeto de investigación; en cambio, la comunidad es un actor político relevante que, en virtud de su presencia social y política, está en mejores condiciones para defender los derechos individuales de sus miembros.

En las universidades, reconocer y poner en práctica el estatus de sujetos de derecho a sus comunidades estudiantil, administrativa y académica no ha sido un proceso fácil ni universal. Esto se debe a que, por un lado, no existe un modelo único de universidad en nuestro país y, por otro, a que el modelo individualista del éxito personal ha disminuido el ansia de participar en la gestión y defensa de los intereses comunitarios. Así, por ejemplo, cuando se consigue que el estudiantado tenga representantes en los organismos colegiados de gestión universitaria, tales como los consejos de departamento y de facultad, ellos y ellas son elegidos por una minoría y luego no asisten a las reuniones ni participan en las tareas que tales consejos deben abordar como parte de su labor cotidiana (estudios, informes, encuestas, etc.).

## El paternalismo plutocrático en la pandemia del virus COVID-19

Durante y después de la pandemia de la COVID-19, surgieron los análisis de los riesgos éticos asociados a esta infección, que incluyeron desde la discriminación por la edad en el acceso a la medicina curativa, hasta el uso del carné de inmunidad para certificar que las personas podían volver a la normalidad. Esta información está disponible profusamente en una gran diversidad de medios que se pueden acceder con facilidad a través de la internet, de manera que no es necesario repetirla en estos Apuntes.

Sin embargo, un problema que no se ha examinado suficientemente, y que fue prevalente en las respuestas a la pandemia del COVID-19, es el paternalismo con que la mayoría de los gobiernos y sistemas de salud la abordaron, lo que implicó desconocer la dignidad de las personas, es decir, su derecho y capacidad de decidir y actuar por sí mismas. No incluir a la gente en la toma de decisiones ante un problema de salud pública de la gravedad del COVID-19 no fue, por cierto, una conducta malignamente planificada para faltar el respeto a la mayoría de la población ni mucho menos para ofender su dignidad. Fue simplemente la expresión natural del paternalismo científico tecnocrático de la plutocracia gobernante, que se juntó con el analfabetismo ético de la población para producir un desastre en las comunicaciones y en las intervenciones en la salud pública.

Uno de los conceptos fundacionales de la bioética moderna es que, en el examen de los problemas éticos, son interlocutores todas las personas que pueden conversar acerca de ellos. Ya no es aceptable que la ignorancia y la falta de educación signifiquen automáticamente dejar de ser sujeto de los derechos fundamentales. Pero, en el diálogo bioético, si bien somos iguales en derechos, no lo somos en responsabilidades, y quien tiene más conocimiento tiene el deber de hacer posible la comunicación con todas las personas involucradas. Esto es especialmente importante en la salud, donde la asimetría del poder del conocimiento ha justificado históricamente los más grandes abusos y explotación de la gente humilde e ignorante.

En un sistema democrático como el que tenemos en Chile, con todas sus conocidas imperfecciones, las autoridades cumplen con el deber formal de pararse frente a un micrófono y dar cuenta de sus actos. El problema en la pandemia del COVID-19 fue que la autoridad hizo uso de la televisión para dirigirse a una audiencia de especialistas, como si estuviera dando una conferencia en una universidad, hospital o clínica, eludiendo así su responsabilidad de garantizar que el mensaje de salud efectivamente estableciera un intercambio dialogante con la población. Esto hubiera mostrado inmediatamente la factibilidad o imposibilidad de las medidas diseñadas en las oficinas del Ministerio de Salud, las que se hubieran podido corregir o cambiar de ser necesario, y la gente se hubiera convertido en protagonista de su destino, asegurando su participación y colaboración con la estrategia de salud pública la cual, debido a esas falencias, finalmente no obtuvo todo el éxito esperado y necesario.

El evidente colapso de las primeras medidas para enfrentar la pandemia del COVID-19 en Chile y en muchos países demostró, una vez más, que el sistema paternalista y vertical de gobernanza de las democracias occidentales no puede resolver los complejos problemas de la sociedad moderna, cuya magnitud requiere involucrar activamente a todas las fuerzas sociales para construir las soluciones.

Una de las consecuencias políticas de lo anterior es que realza lo justo y positivo del movimiento feminista, que busca terminar con el paternalismo machista que permea todas las esferas de decisión de la sociedad e impide efectivamente que la mayoría de la gente asuma la responsabilidad de su destino. El feminismo, entonces, no es solamente una plataforma conveniente y necesaria para las reivindicaciones de la mujer, sino también para la democratización de toda la sociedad.

## La mujer en la universidad

El acceso de la mujer a las profesiones complejas es tan reciente que en las universidades del país todavía no tenemos paridad de género universal, especialmente en los cargos de mayor responsabilidad administrativa y política. La violencia de género, que no se ha podido erradicar de la sociedad, ha obligado a las universidades a hacer campañas educativas y a crear organismos y reglamentos para abordar este problema.

Recientemente, un estudio de nuestra universidad examinó la paridad de género en los estamentos académicos de la Universidad de Santiago de Chile, la Universidad de Chile y la Pontificia Universidad Católica de Chile (Bustos y cols., 2018). La razón para efectuar esta investigación en el cuerpo académico es que este concentra el poder en las universidades chilenas, de manera que la paridad en este sector es un indicador adecuado para evaluar si el acceso de la mujer a los puestos de mayor autoridad es similar al del hombre. Los resultados se presentan en la Tabla 1 y muestran que la mujer tiene acceso diferenciado al profesorado, dependiendo del área del conocimiento. Así, en Derecho, Economía e Ingeniería, las profesiones más cercanas al poder político y económico de un país, el porcentaje de mujeres en el profesorado es menos del 20 %; en cambio, en Obstetricia y Enfermería es mayor al 80 %. Es claro que el género determina el acceso al poder incluso a nivel de la docencia universitaria. Un aspecto importante es que los resultados de las tres universidades fueron muy similares, lo que demuestra la gran inercia cultural del machismo en la educación superior.

Así, el cuerpo académico de las universidades chilenas más tradicionales, a pesar de la existencia de mecanismos transparentes y públicos de ingreso a los cargos, sigue reflejando la disparidad de género que se observa en todas las esferas profesionales. Existe evidencia de que la disparidad de género es un problema que retarda el progreso socioeconómico de los países, lo que se hizo más visible a partir del año 2006, cuando el Foro Económico Mundial inició la publicación del Global Gender Gap Index, diseñado para cuantificar la disparidad de género en los países y permitir la evaluación periódica de sus cambios en el tiempo (Hausmann et al., 2006). Superar la compleja segregación asociada al género en el cuerpo académico de nuestras universidades es una tarea pendiente, que repercute en su actividad, distorsionando la visión y los contenidos de la educación superior.

La dispar representación de la mujer en los cargos de mayor responsabilidad en la universidad también es resultado de la primacía de la productividad profesional sobre la biología femenina. Ocurre que el período de mayor productividad académica y profesional en la mujer corresponde al de su mayor fertilidad, y la obligamos a adecuar su biología al mercado del trabajo, en vez de acomodar las responsabilidades del trabajo a la biología de la mujer. Que ella tenga que elegir entre hijos e hijas y su éxito profesional es injusto y antinatural, porque atenta contra la necesidad biológica básica de la reproducción de la especie humana, la cual además es una aspiración biológica enraizada en la femineidad y presente en la mayoría de las mujeres. En el siglo XXI, ya es hora de reconocer y respetar el derecho a la identidad biológica femenina en los sistemas de evaluación académica y universitaria.

Tabla 1. Distribución del género en el cuerpo académico de carreras tradicionales en tres principales universidades chilenas.

|  | Hombres | Mujeres (%) |
| --- | --- | --- |
| Facultad de Ingeniería | | |
| USACH | 212 | 44 (17) |
| UCh | 256 | 38 (13) |
| PUCCh | 235 | 42 (15) |
| Facultad de Economía | | |
| USACH | 49 | 13 (21) |
| UCh | 87 | 14 (14) |
| PUCCh | 67 | 14 (17) |
| Facultad de Derecho | | |
| USACH | 9 | 2 (18) |
| UCh | 227 | 66 (23) |
| PUCCh | 225 | 49 (18) |
| Escuela de Medicina | | |
| USACH | 67 | 36 (35) |
| UCh | 926 | 676 (42) |
| PUCCh | 241 | 128 (35) |
| Facultad de Educación | | |
| USACH | 11 | 29 (73) |
| UCh | 11 | 9 (45) |
| PUCCh | 7 | 29 (81) |
| Escuela de Enfermería | | |
| USACH | 0 | 12 (100) |
| UCh | 2 | 28 (93) |
| PUCCh | 5 | 98 (95) |

Bustos y cols. (2018).

## La inteligencia artificial

La inteligencia artificial (IA) es la disciplina científica que se ocupa de crear programas informáticos que ejecutan operaciones comparables a las que realiza la mente humana, tales como el aprendizaje o el razonamiento lógico (Diccionario de la Real Academia Española). Así, ella constituye una tecnología general que se puede aplicar en todas las disciplinas y actividades. Por ejemplo, la IA se encuentra en los artefactos de uso corriente que llevan a cabo tareas tales como la identificación de una persona a través de la cámara de video del teléfono celular. Pero, también hay máquinas diseñadas para realizar actividades específicas más complejas, como ocurre con los robots que responden preguntas interactuando de manera creativa con personas en centros comerciales y aeropuertos, y las máquinas para limpiar el piso de manera autónoma y automática sin intervención directa de una persona.

La IA está de moda en las comunicaciones, en las universidades y en la vida política, porque su rápido desarrollo permite hoy vislumbrar con más claridad y urgencia que hace algunos años sus grandes potencialidades positivas y negativas. Todos los días se publican innumerables páginas y se realizan foros y conferencias sobre la IA en cada instante en todo el mundo, tanto que es imposible estar al día en la diversidad de puntos de vista que surgen continuamente y a gran velocidad en charlas, congresos, entrevistas, artículos y encuentros de toda índole.

Los sistemas más avanzados de IA son los que pueden generar respuestas y acciones que no están explícitamente determinadas en sus programas, conocidos como IA generativa. Un ejemplo de estos sistemas es el programa Copilot, que es una herramienta de Microsoft disponible en el buscador Bing, que puede entablar diálogos «inteligentes» con una persona, e incluso realizar tareas creativas enteramente originales, tales como escribir un poema sobre la internet y las flores.

El desafío ético fundamental de la IA es el equilibrio del poder con la responsabilidad, porque su potencialidad para influir en todas las dimensiones y esferas de la vida diaria de la gente es mayor que cualquier otra tecnología de hoy y del pasado, tanto por los cientos de millones de personas a quienes puede afectar simultáneamente y de manera continua en cada instante de sus vidas, como por la profundidad de la intrusión de esta tecnología en las conductas más íntimas del ser humano. Así, la IA es un ejemplo de cómo la velocidad del avance tecnológico se aleja cada vez más de la capacidad de la bioética y del derecho para incorporar el progreso científico al examen reflexivo de su quehacer académico, político y social, de manera oportuna y pertinente a la vida cotidiana de la gente.

Lo anterior resalta la importancia de que un organismo internacional dedicado al fomento de la educación, como es la UNESCO, publicara recientemente su «Recomendación sobre la ética de la inteligencia artificial». La trascendencia especial de este documento radica en su universalidad, ya que tuvo la aprobación por aclamación de 193 países miembros en su Conferencia General de noviembre de 2021, y su objetivo es facilitar el desarrollo de estas nuevas tecnologías dentro de un marco universal de referencia ética. Esta recomendación es la culminación de dos años de trabajo del grupo más representativo y diverso desde el punto de vista cultural, incluyendo la paridad de género y a personas de todas las religiones. La amplia representatividad y apoyo internacional de esta recomendación la hacen un documento ineludible de estudio en la universidad, en especial en los cursos de bioética. Además, se ha avanzado en la legislación que busca prevenir los efectos y usos negativos de la IA. Así, por ejemplo, la Unión Europea publicó en junio de 2023 la primera legislación que regula esta tecnología, el documento «EU AI Act: first regulation on artificial intelligence».

La aparición de la IA en la prensa lamentablemente suele estar enfocada en los aspectos más sensacionalistas, en vez de brindar las herramientas y fomentar las capacidades para que el público se forme una opinión informada y racional sobre esta tecnología. Es cierto que esto último es más difícil que la mera entrega de información parcial y fuera de contexto, pero el empoderamiento de la gente para entender los alcances de la IA y decidir sobre su destino es necesario para proteger la libertad y la dignidad humanas.

En la bioética académica que practicamos en las universidades públicas, su papel propio y característico en disyuntivas como la que plantea la IA es contribuir a definir las preguntas y desafíos éticos, así como participar en la elaboración de las respuestas, entendiendo que esto último es una atribución y responsabilidad ciudadana de toda la sociedad. En la docencia, nuestra responsabilidad es ayudar al desarrollo de la capacidad de vislumbrar los dilemas éticos de esta tecnología, empoderando la autonomía ética, que es un derecho en todas las sociedades democráticas.

Así, una buena manera de comenzar el aprendizaje de la sensibilidad ética ante las múltiples manifestaciones de la IA es examinar su presencia en las cosas de la vida cotidiana, algunas de las cuales se mencionan a continuación.

Ejemplos de la presencia de la IA en el mundo de hoy

1. El programa Copilot de Bing, el buscador de Windows (Microsoft). Es una herramienta que puede redactar textos, incluyendo poemas, sobre cualquier tema. Permite usar cualquier combinación de palabras claves, pero mientras más fuera de lo común sea la combinación de ellas el resultado será menos lógico o adecuado. Dado lo fácil que es su uso, y que la mayoría de los computadores personales en la universidad usa el sistema operativo Windows, su uso se está masificando en toda la sociedad, pero especialmente en el sistema educacional.

2. El programa informático ChatGPT (https://chat.openai.com/) se ha popularizado y difundido amplia y rápidamente. Es similar al Copilot de Windows, pero más poderoso y completo. Permite búsquedas más fáciles que usando un buscador tradicional como Google o Yahoo, pero además puede escribir ensayos y textos sobre cualquier tema. Así, por ejemplo, se puede usar como herramienta avanzada para llevar a cabo tareas de los cursos en la universidad o en cualquier nivel educacional.

3. La información del uso de buscadores como Google y Yahoo por parte del público se recopila hoy sin su consentimiento por los sistemas comerciales, y se usa para dirigir de manera automática la propaganda a los gustos y necesidades de las personas. Así, hoy todos recibimos propaganda de los artículos que examinamos en páginas de las tiendas de la internet, al poco rato de haber comenzado la búsqueda y sin solicitarla.

4. Los modelos de automóviles más sofisticados ya incluyen herramientas de la IA para ajustar el funcionamiento del vehículo a las características de la conducción, para orientar y guiar hacia la dirección de destino, y para indicar dónde encontrar servicios tales como hoteles y restoranes. Pero, todo esto implica que hay abundante información del uso personal del vehículo que se recopila por un centro de procesamiento de información desconocido, y cuyo uso está fuera del control de las personas. En este sentido, el uso avanzado y sofisticado de esta información puede ciertamente llegar a constituir un riesgo a la seguridad de la sociedad y de los países, lo que hoy es un tema de investigación por el gobierno de EUA (VOANews. 2024).

5. Los teléfonos celulares recopilan y guardan abundante información de las personas, e incluso Google ofrece el «servicio» del resumen mensual de todos los lugares por donde uno transitó en el mes. Esta información puede ser usada maliciosamente, pero dadas las propiedades de la internet, probablemente será imposible evitar que alguien pueda recopilar y usar esta información, desde cualquier parte del mundo. Es evidente que es necesario regular el uso de dicha información a nivel global. Sin embargo, la función de localización remota ha sido indispensable en varios casos de robos y secuestros, y ha permitido recuperar objetos robados y rescatar a personas, de manera que sus aspectos positivos deben considerarse en el estudio de los riesgos éticos de esta tecnología.

6. En la Escuela de Negocios de la Universidad de Harvard, se usa un robot con IA generativa que tiene funciones docentes

en un curso introductorio a la ciencia de la computación, al que el estudiantado puede consultar sobre sus tareas y ejercicios (Liu y cols. 2024). El resultado de esta estrategia ha sido positivo porque se puede consultar durante todo el día y la noche, lo que facilita las cosas para el curso. Sin embargo, las ayudantías de cursos a cargo de estudiantes de pre y posgrado permiten que los y las futuras docentes se entrenen en el complejo oficio de la docencia universitaria, además de ser una fuente de ingresos económicos en forma de honorarios y becas. Así, el uso de ayudantes virtuales en la docencia plantea varios conflictos de intereses, inéditos antes de la IA, que deben abordarse en el marco de la bioética académica.

Los ejemplos anteriores son una muestra muy incompleta de los nichos donde la IA ya está presente, y permiten vislumbrar la complejidad de la reflexión ética que demanda esta nueva tecnología. El progreso científico y tecnológico siempre llega con bendiciones y maldiciones, las que en el caso de la IA hacen urgente la necesidad de la bioética académica para preparar y proteger a la gente en tales inéditos escenarios.

# La quimioética y algunos de sus dilemas

Todas las ramas de la ciencia comparten los mismos principios y problemas éticos generales, tales como el fraude y la arbitrariedad en la autoría de las publicaciones científicas. Pero cuando se examinan las particularidades de los desafíos éticos en una disciplina como la química, es necesario considerar la ética relacionada con su área específica de estudio, como lo proponen Børsen y Schummer (2016).

## Las armas químicas

La particularidad de las necesidades éticas de la química se ilustra dramáticamente en el uso de armas químicas contra sus propios pueblos por los gobiernos de Iraq y de Siria en guerras de las últimas décadas. Dichas armas químicas fueron fabricadas con el fin de sembrar el terror asesinando a civiles opositores al gobierno, además de usarlas contra milicias armadas. Muchas armas químicas se pueden sintetizar en laboratorios relativamente sencillos y baratos, y sus efectos son conocidos desde hace bastante tiempo, de manera que no se necesita la colaboración de científicos de gran nivel para experimentarlas ni para predecir sus efectos, como es el caso del gas sarín.

Las armas químicas están prohibidas por convenciones internacionales debido a que no discriminan entre combatientes y no combatientes, y por la crueldad de sus efectos. Sin embargo, hubo quienes las sintetizaron y prepararon para ser usadas en las guerras mencionadas anteriormente, lo que violó tales convenciones y los códigos de ética de las universidades. El examen ético de la participación de profesionales de la química en la fabricación de tales armas es complejo porque cabe la posibilidad de que hayan sido obligados por las dictaduras militares que gobernaban sus países. Negarse a las órdenes gubernamentales en tales condiciones implicaba ciertamente la tortura y la muerte, y por lo tanto en estos casos no se puede hablar de faltas éticas de la misma manera que en un país regido por un sistema democrático. Hasta dónde llega la responsabilidad moral de los inventores y fabricantes de esas armas es una pregunta abierta, que ya antes se planteó con fuerza en el caso del napalm, inventado y usado profusamente durante la Segunda Guerra Mundial, y que fue producido por la empresa Dow Chemical y vendido a las fuerzas armadas norteamericanas que bombardearon a civiles en la Guerra de Vietnam.

En una universidad pública como la USACH no hay cabida para cultivar y desarrollar ninguna ciencia o tecnología destinada a terminar la vida humana de nadie, en ninguna circunstancia. Sin embargo, la bioética no es necesariamente pacifista, y lo que vale para tiempos normales puede ser objeto de consideraciones cambiantes y contradictorias en circunstancias especiales. El dilema ético de fabricar armas no tiene respuestas únicas ni universales, incluso entre personas profundamente humanistas. Un ejemplo de esto es la posición de Albert Einstein, conocido por su pacifismo militante, pero que fue partidario de desarrollar la bomba atómica para vencer al nazismo durante la Segunda Guerra Mundial, debido a que los nazis podían haber llegado a producirla antes que el resto del mundo.

## La contaminación ambiental química

La contaminación industrial es un problema en todo el mundo, y la química como disciplina ha jugado un rol tanto en su origen como en las soluciones. Entre los casos más conocidos, que hoy aparecen en los textos de bioética, así como en los de química ecológica o ambiental, están el desastre de Bhopal y el uso masivo de DDT para controlar plagas de insectos, especialmente el mosquito que transmite la malaria.

El desastre de Bhopal se originó por la fuga de isocianato de metilo desde una planta de fabricación de pesticidas ubicada en Bhopal, India, durante la noche del 2 al 3 de diciembre de 1984 (Wikipedia). Esa planta era propiedad de Union Carbide India Limited y del estado de la India, y el desastre fue consecuencia de las malas prácticas de producción y la ausencia total de una política de bioseguridad o de al menos seguridad industrial. El gas afectó a más de 500 mil personas en comunidades cercanas a la fábrica, con cerca de 4000 fallecimientos en las primeras horas del accidente y 16 000 muertes adicionales en el mes siguiente. Hubo miles de personas con lesiones temporales o permanentes, y hasta el día de hoy se considera el desastre de contaminación industrial más grave de la historia.

Las interrogantes éticas del desastre de Bhopal incluyen algunas más obvias que otras. Por ejemplo, es pertinente preguntarse por el alcance de la responsabilidad de profesionales de la química al diseñar la síntesis de moléculas altamente tóxicas en los laboratorios de enormes empresas transnacionales ubicados en países desarrollados, que posteriormente originarán procesos llevados a cabo en sitios distantes del Tercer Mundo.

El caso del DDT es paradigmático de los dilemas éticos que son cada vez más recurrentes en la ciencia química. Cada año se vierten millones de toneladas de este insecticida sobre cultivos en todo el planeta, pero sobre todo en ecosistemas tropicales para frenar el crecimiento de poblaciones de mosquitos, vectores de una gran variedad de enfermedades que afectan a millones de personas cada año. Un ejemplo de la gravedad de este problema es el número de personas que contrajeron malaria durante 2018 según los datos de la OMS: 228 millones, de los cuales alrededor de 500 mil fallecieron como consecuencia directa de esta infección. Con todo lo impresionantes que son estos números, serían mucho peores si no fuera por el uso masivo de DDT en extensas fumigaciones e incluso impregnado en las ropas.

El problema es que el DDT elimina no solamente a los mosquitos, sino también a una infinidad de especies de insectos beneficiosos para los ecosistemas naturales y la agricultura, tales como las mariposas y las abejas melíferas. Así, la ponderación de los riesgos y beneficios del uso de insecticidas artificiales producidos por la industria química presenta dilemas bioéticos y desafíos apremiantes para la sociedad.

También en nuestro país conocemos casos graves de contaminación química que deberían interpelar al mundo de la ciencia y la tecnología químicas nacionales. El ejemplo que más recientemente ha ocupado la atención de la prensa es la contaminación en Puchuncaví y Quintero, ciudades afectadas por la actividad del Complejo Industrial Ventanas. No hay muchas publicaciones y proyectos de investigación nacionales sobre este importante problema, el cual se ha denunciado por organizaciones sociales y los servicios de salud locales. También existen algunas tesis de pregrado y posgrado universitarias sobre este problema, en disciplinas como la arquitectura y la geografía, y estudios patrocinados por organismos estatales en el área del trabajo social. Pero hay pocas publicaciones científicas químicas que lo examinen, tanto desde el punto de vista del diagnóstico como de las soluciones que se podrían desarrollar para descontaminar o evitar la contaminación, sin necesariamente tener que interrumpir la actividad industrial que tiene impactos positivos en la economía de la zona.

Una de las pocas publicaciones científicas sobre la contaminación en Puchuncaví y Quintero es importante porque determinó los niveles de contaminación del suelo por metales pesados (Tapia-Gatica y cols., 2020). Sin embargo, esta publicación demuestra las limitaciones de la ciencia nacional, porque a pesar de su relevancia y pertinencia para nuestra realidad local, no se publicó en una revista científica chilena y en español, de manera que la sociedad en su conjunto pudiera acceder a tal conocimiento y empoderarse en el activismo ecológico ambiental que nuestro país necesita con urgencia. En cambio, se publicó en inglés en una revista científica de Brasil, y para leerlo hay que comprar el artículo o suscribirse a la revista. Es una muestra más de que nuestros incentivos para la ciencia atentan contra los valores éticos de la beneficencia, la relevancia y la pertinencia local de las investigaciones nacionales, porque nuestro financiamiento estatal exige publicar en revistas científicas indexadas en sistemas internacionales para acceder al financiamiento estatal, como si no fuera posible publicar ciencia de calidad en medios de diseminación de nuestro país. Esto equivale a subcontratar en el extranjero el control de calidad de nuestra ciencia, y refleja la subordinación del sistema científico nacional a las reglas establecidas por la ciencia de los países desarrollados.

## La química del bienestar humano

Otra de las áreas de la química con implicaciones éticas importantes, más allá de los problemas sociales y legales que representa, es la búsqueda y síntesis de compuestos psicotrópicos. Es cierto que el ser humano los ha usado desde tiempos inmemoriales, incluyendo aquellos que no tienen efectos negativos indeseables que sobrepasan sus beneficios, tales como el café y las plantas del género Passiflora. Esta área de la química lleva a la pregunta de hasta dónde es legítimo usar moléculas para producir bienestar psicológico de manera masiva. Todas las sociedades han decidido, y con buenas razones médicas y sociales, que las drogas psicotrópicas que producen adicción fisiológica y neurofisiológica, como la cocaína y el opio, son negativas y deben prohibirse.

Sin embargo, hoy muchas enfermedades mentales se tratan con moléculas, incluyendo la depresión endógena y el trastorno de déficit de atención e hiperactividad, que aumentan la calidad de vida de las personas. Así, es posible imaginar un futuro en que existan drogas artificiales que se vendan sin receta, con efectos similares a la cafeína o tal vez la cocaína, pero que no sean adictivas hasta el punto de destruir la vida social. Una molécula consumida masivamente para aumentar nuestro goce y facilitar la vida social es el etanol, que puede ser adictivo y tiene una alta tasa de morbilidad y mortalidad directa e indirecta cuando se consume en exceso, pero se acepta socialmente excepto en las sociedades y comunidades musulmanas. Entonces, el bienestar químico masivo ya está presente entre nosotros, y sus posibilidades y riesgos futuros son un área de investigación en la quimioética.

# La evaluación ética de proyectos de investigación en la biología y en la química

Una de las responsabilidades más importantes de las y los científicos es evaluar los riesgos éticos de los proyectos de investigación. El estudio de la eticidad de una investigación científica se puede hacer en un ambiente académico, como el de un curso o taller de bioética, o en el marco de las responsabilidades administrativas de un comité de ética. Esto da lugar a dos subdivisiones de la bioética en la universidad: la académica y la regulatoria.

La bioética regulatoria es muy importante y es responsable de cuidar que se respeten las normas universales que regulan la investigación y la docencia, recogidas en códigos internacionales incorporados en la reglamentación de las agencias gubernamentales que financian la ciencia. Está a cargo de comités de ética institucionales y sectoriales que tienen la misión de controlar la eticidad de las actividades de investigación en las universidades, y también en los hospitales y otras instituciones que hacen investigación científica.

Por otro lado, la investigación académica en bioética es parte de las actividades propias de la universidad, y como tal tiene la libertad para examinar y enriquecer la cosmovisión bioética de la sociedad, sin tener que regirse obligatoriamente por los códigos de ética y bioética establecidos, a los que su labor puede eventualmente afectar y modificar.

Examinar los aspectos bioéticos de proyectos de investigación en estos apuntes es un ejercicio de la bioética académica, de manera que no está limitado a los requerimientos de la bioética regulatoria formal. Es una invitación a examinar la eticidad asociada a todos los aspectos de una investigación científica. Así, la identificación de los sujetos y objetos en riesgo de abuso no se puede limitar a los directamente involucrados en la investigación que se está evaluando éticamente, sino que debe obligatoriamente ocuparse de la totalidad de la empresa científica. Por ejemplo, no se podría dejar pasar la posible exclusión de determinada raza o género en las diferentes etapas de un proyecto, ya sea como investigadores, tesistas o sujetos de investigación.

El primer paso y el más importante en el examen bioético es la identificación de quién o qué está en riesgo de abusos y explotación, es decir, se trata de identificar a las y los sujetos y objetos de riesgo. Después, se debe precisar el o los riesgos con claridad y en lenguaje accesible a toda la gente, porque la comunicación es esencial en la validación social de la ética de la ciencia.

La etapa de identificación de las y los sujetos/objetos de riesgo es importante y delicada, y en ella tradicionalmente han ocurrido grandes diferencias de opinión en la evolución de la bioética. Por ejemplo, solo muy recientemente se ha reconocido el derecho de las personas transgénero a su mismidad humana esencial y natural y que no es una patología mental o física que debe ser corregida y reprimida. Este cambio de estatus bioético de la persona transgénero aún está en curso, e ilustra cuán dinámico es el universo de acción y atención de la bioética académica.

Luego, es necesario examinar cómo se corrigen, evitan o mitigan a niveles aceptables los riesgos éticos, lo que en último término determinará la factibilidad moral del proyecto de investigación.

Dado que estos apuntes están dirigidos primariamente a estudiantes de química y de bioquímica, se incluyeron en este texto algunos proyectos de investigación de la Facultad de Química y Biología para darles la oportunidad de examinar proyectos científicos de sus disciplinas. Se consideró que la lectura de resúmenes muy sintéticos de esos proyectos no refleja adecuadamente la complejidad de su estudio en el marco de la evaluación bioética.

Sin embargo, no se incluyó el análisis ético de estos proyectos, porque el objetivo es que cada estudiante pueda vivir directamente todo ese proceso, llegando a sus propias conclusiones. Pero, a manera de guía general, conviene recordar que dicho examen debe incluir los aspectos meramente científicos, así como la proyección social, política, ecológica y económica.

Asimismo, se debiera evaluar los riesgos éticos a que está sometido todo el equipo de investigación, comenzando por las personas más vulnerables, tales como los auxiliares y ayudantes de investigación. Algunos proyectos presentan desafíos inéditos, al usar o referirse a posibles nuevos objetos de derecho, sean estos artefactos, restos humanos o patrimonios intangibles pertenecientes a culturas minoritarias.

Además, la pertinencia y relevancia real, efectiva e inmediata, para nuestro país, no se puede eludir en los tiempos de urgencias apremiantes que estamos viviendo.

# Resumen general y conclusiones

El examen de la bioética académica en una universidad pública, recogido en este libro, es una visión desde la biología y la química que se viven en la Facultad de Química y Biología de la USACH. Sin embargo, no es la única manera de ver y comprender la bioética en nuestra comunidad universitaria. La visión presentada refleja muchos años de experiencia en la investigación científica en laboratorios de fisiología y biología, y se ha moldeado en el diálogo empático y respetuoso en innumerables cursos de bioética en los cuales los docentes y estudiantes hemos tenido roles igualitarios examinando los problemas éticos de la biología y la biomedicina.

Estos apuntes son una invitación a la comunidad de aprendizaje constituida por docentes y estudiantes para dialogar sobre los conceptos y desafíos de la bioética académica. Debido a lo anterior, se incluyen temas que no son parte de los cursos de bioética usuales en las universidades chilenas, pero que pertenecen a la sensibilidad ética del estudiantado de nuestra universidad y de muchos sectores que nunca han sido sujetos de derecho en el diálogo social de la bioética. Estos temas incluyen la dignidad de todas las formas de vida, la pertinencia y relevancia local de la ciencia como valor ético, los problemas de los estudiantes de pregrado en carreras científicas, el machismo en la universidad, y los dilemas éticos particulares de la química, los que debido a su peculiaridad bien pueden albergarse en el término «quimioética».

El ejercicio reflexivo de estos apuntes muestra que hay un amplio espacio de desarrollo para la bioética en nuestra vida universitaria, si es que nos atrevemos a ampliar el universo de personas y comunidades dialogantes en esta área relativamente nueva del conocimiento.

# Sobre los autores

## Hugo Cárdenas S.

Licenciado en Biología, Pontificia Universidad Católica de Chile (PUC) (1985)

Doctor en Ciencias Biológicas, Pontificia Universidad Católica de Chile (1988). Postdoctorados en Universidad de Texas en Houston (1989-1991) y Universidad de Illinois en Urbana-Champaign (1991-1993). Cargo actual: Profesor Titular, Facultad de Química y Biología, Universidad de Santiago de Chile.

## Pedro Orihuela D.

Biólogo, Universidad Nacional Mayor de San Marcos (1990). Lima, Perú.

Doctor en Ciencias Biológicas, Pontificia Universidad Católica de Chile (2002). Santiago, Chile. Postdoctorado Instituto Milenio de Biología Fundamental y Aplicada (2002-2006), Santiago, Chile. Cargo actual: Profesor Titular, Facultad de Química y Biología, Universidad de Santiago de Chile.

# BIBLIOGRAFÍA

Andrade, C., Barrera, C., Cabezas, F., Castro, C., Gallardo, P., García, K., Muñoz, P., Oyarzún, A., Salas, J., Valdés, C., Ureta, A., Urra, J., Orihuela, P., Vera, P., & Cárdenas, H. (2015). ¿Es ético sacrificar animales con fines docentes? Visión de estudiantes y docentes universitarios. *Contribuciones Científicas y Tecnológicas, 40*, 51-56.

Bengali, S., & Parth, M. N. (2016, septiembre 15). Duped into selling his kidney, this 23-year-old exposed an illegal organ racket in India. *Los Angeles Times.* https://www.latimes.com/world/la-fg-india-kidney-snap-story.html

Børsen, T., & Schummer, J. (2016). Editorial Introduction: Ethical Case Studies of Chemistry. *International Journal for Philosophy of Chemistry*, 22, 1-7.

Bustos, J., Hernandez, F., Orihuela, P., & Cardenas, H. (2018). La desigualdad de género en el cuerpo académico de las universidades chilenas. *Contribuciones Científicas y Tecnológicas*, 43, 13-18.

Cardenas, H., Leguina-Ruzzi, A., Baquedano, C., Ramírez, A., Santander, F., Torres, E., Archiles, S., Arellano, G., Vergara, F., Romero, V., Gallardo, P., Arbiter, R., & Orihuela, P. (2016). Student View on Ethical Aspects of Undergraduate Research at a Chilean Public University. *Contribuciones Científicas y Tecnológicas, 41*, 77-82.

CIOMS. (2016). *Pautas éticas internacionales para la investigación relacionada con la salud con seres humanos* (Cuarta ed.). Ginebra: Consejo de Organizaciones Internacionales de las Ciencias Médicas (CIOMS).

Hausmann, R., Tyson, L. D., & Zahidi, S. (2006). World Economic Forum. *The Global Gender Gap Report 2006.* http://www3.weforum.org/docs/WEF_GenderGap_Report_2006.pdf

Hernandez, F., Undurraga, A., Navarrete, A., Herrera, S., Orihuela, P., Bustos, J., & Cardenas, H. (2017). Mujeres de estratos socioeconómicos altos y de países desarrollados no fueron incluidas en los estudios internacionales de los DIU. Una revisión sistemática. *Contribuciones Científicas y Tecnológicas, 42,* 5-12.

Liu R, Zenke C, Liu C, Holmes A, Thornton P, Malan DJ (2024) Teaching CS50 with AI Leveraging Generative Artificial Intelligence in Computer Science Education. https://cs.harvard.edu/malan/publications/V1fp0567-liu.pdf

News European Parliament. (2015). EU €150,000 for a kidney: The lethal trade in illegal organs. *European Parliament News.* https://www.europarl.europa.eu/news/en/headlines/world/20150422STO43903/EU-150-000-for-a-kidney-the-lethal-trade-in-illegal-organs

Tapia-Gatica, J., González-Miranda, I., Salgado, E., Bravo, M. A., Tessini, C., Dovletyarova, E., Paltseva, A. A., & Neaman, A. (2020). Advanced determination of the spatial gradient of human health risk and ecological risk from exposure to As, Cu, Pb, and Zn in soils near the Ventanas Industrial Complex (Puchuncaví, Chile). *Environmental Pollution, 258,* 113488.

VOANews, August 04, 2024 9:26 PM. https://www.voanews.com/a/us-expected-to-propose-barring-chinese-software-in-autonomous-vehicles/7729956.html

Warsi, Z. (2023, enero 17). In Nepal's "Kidney Valley", poverty drives an illegal market for human organs. *PBS News Hour.* https://www.pbs.org/newshour/world/in-nepals-kidney-valley-poverty-drives-an-illegal-market-for-human-organs

Zuolo, F. (2016). Dignity and Animals: Does it Make Sense to Apply the Concept of Dignity to all Sentient Beings? *Ethical Theory and Moral Practice, 19,* 1117-1130.

# Anexo

## Algunos proyectos de investigación de la Facultad de Química y Biología de la USACH

Las y los investigadores que permitieron la inclusión de sus proyectos, o resúmenes de proyectos, para que sean sometidos al examen bioético por parte de alumnos de nuestra Facultad en el marco de estos Apuntes de Bioética, lo hicieron gracias a su generosidad intelectual y vocación académica y universitaria, aunque esto no significa que ellas y ellos compartan necesariamente todo o parte del análisis bioético de estos Apuntes. Sus proyectos permiten apreciar la riqueza y diversidad de la actividad científica de la Facultad de Química y Biología.

Proyecto 1. Desarrollo de un fungicida de origen natural contra el hongo fitopatógeno *Botrytis cinérea*.

Proyecto 2. Diseño, síntesis y propiedades redox de diaminas N,N'diisoquinoil sustituídas.

Proyecto 3. Genome sequencing, isolation of new metallothioneins (MTs), and characterization of metal ions binding to old and new MTs in the marine alga Ulva compressa (Chlorophyta).

Proyecto 4. Diet of pre-Hispanic populations of northern Chile: an approach using archaeological chemical biomarkers.

Proyecto 5. Mecanismos celulares y moleculares asociados al efecto antiimplantatorio de la sobrexposición a los estrógenos.

Proyecto 6. Role of GABAA Channels in the Axon Initial Segment in Epilepsy.

# Proyecto 1

| *Fecha de Ingreso* |  |
| --- | --- |

*Uso Interno DGT*

## 1. ANTECEDENTES

### GENERALES

**Título del Proyecto**

| Desarrollo de un fungicida de origen natural contra el hongo fitopatógeno *Botrytis cinerea* |
| --- |

**Investigadoras**

| **Nombre completo:** Milena Cotoras Tadic<br>Leonora Mendoza |  |
| --- | --- |
| **RUT:** |  |

**Línea de Financiamiento y Tipo de Proyecto**

| **Línea de Financiamiento** | **Tipo de Proyecto** |
| --- | --- |
|  | Concurso de Ciencia Aplicada |

**Duración  24  meses**

**1.5. Disciplinas Científico Tecnológicas.** Señale hasta tres disciplinas científico tecnológicas principales del proyecto.

| Microbiología | Química | Bioquímica |
| --- | --- | --- |

**1.6. Sector(es) de Impacto** Señale hasta tres disciplinas científico tecnológicas principales del proyecto.

Señale con una cruz el o los sectores de impacto del proyecto.

| × | Agropecuario |  | Construcción |  | Gestión de Gobierno |
| --- | --- | --- | --- | --- | --- |
|  | Forestal |  | Infraestructura |  | Otros (señalar) |
|  | Minero |  | Agua |  |  |
|  | Pesquero |  | Energía |  |  |
|  | Acuícola |  | Salud |  |  |
|  | Manufactura |  | Educación |  |  |

## 1.8. Resumen de Presupuesto Total Estimado y Fuentes de Financiamiento en Miles de Pesos

| Entidad participante | Aporte Incremental | Aporte No Incremental | Total |
|---|---|---|---|
| Universidad de Santiago de Chile | | | |
| Viña Miguel Torres | | | |
| **Monto Total del Proyecto** | | | 80.000 |

## 2. RESUMEN DEL PROYECTO (máximo 1 página)

Presente en forma resumida y clara los siguientes puntos: el problema u oportunidad a abordar, la solución planteada, los objetivos y metodología propuestos, los resultados, la propiedad intelectual y los negocios e impactos esperados del proyecto.

Uno de los principales problemas fitosanitarios que enfrenta la producción de frutas en Chile y en especial la uva de mesa y vitivinícola es la enfermedad denominada pudrición gris, causada por el hongo *Botrytis cinerea*. La pudrición gris afecta seriamente la calidad de la fruta y el vino, lo que origina pérdidas económicas elevadas. Tradicionalmente en Chile, *B. cinerea* ha sido controlado por fungicidas sintéticos causando daño en la salud humana, contaminación de suelos y aguas y un aumento de las cepas altamente resistentes. Como consecuencia, en numerosos países, se ha restringido su uso o más aún en las viñas que adoptaron la técnica de cultivo orgánico su uso está prohibido.

Por lo tanto, la búsqueda de antifúngicos de origen natural para controlar a las infecciones producidas por *B. cinerea* es un desafío que ha adquirido cada vez mayor importancia. Las plantas son una fuente importante de metabolitos secundarios, muchos de los cuales presentan actividad antifúngica. Entre los metabolitos aislados de plantas que presentan actividad antifúngica se destacan los compuestos fenólicos que han demostrado actividad contra variadas especies de hongos. Una fuente abundante de este tipo de compuestos son los residuos de la industria vitivinícola, que se obtienen luego de prensar las uvas, en los vivos blancos, o después del proceso de vinificación en los vinos tintos. En Chile en el año 2011 se produjeron aproximadamente 146.000 toneladas de residuos sólidos de la industria vitivinícola. En este trabajo se plantea la formulación de un fungicida obtenido a partir de la extracción de compuestos fenólicos de los residuos sólidos de la Vina Miguel Torres. Resultados previos obtenidos en nuestro laboratorio y resultados reportados en la literatura demuestran que extractos obtenidos uvas o de residuos de la industria vitivinícola presentaron actividad antifúngica contra *B. cinerea.*

El desarrollo de un fungicida a partir de extractos de la industria vitivinícola presenta dos importantes ventajas. La primera es el uso de un producto natural biodegradable que puede ser utilizado incluso en el cultivo orgánico y por la segunda es la utilización de un residuo de estas empresas, dándole un valor agregado a éste.

Los objetivos específicos propuestos en este proyecto son:

1. Obtener extractos de orujos de uva
2. Determinar la actividad antifúngica *in vitro* e *in vivo* de los extractos
3. Determinar el efecto de los extractos sobre la actividad lacasa y pectinasa de *B. cinerea*
4. Caracterizar químicamente el extracto más activo
5. Analizar el posible blanco de acción del extracto más activo
6. Formular el fungicida para su aplicación en el campo
7. Realizar pruebas de campo, a escala piloto, con los extractos formulados

Los extractos serán obtenidos por extracción sólido-líquido con solventes de polaridad creciente, luego se determinará el efecto de estos extractos sobre el crecimiento micelial, la germinación de *B. cinerea* y la capacidad del hongo de colonizar hojas y frutos de tomate. Puede ser que los extractos no inhiban el crecimiento del hongo, pero si su capacidad de colonizar la planta, esto puede deberse a un efecto inhibitorio de los extractos sobre enzimas involucradas en la colonización del tejido, debido a esto, se determinará la actividad de las enzimas lacasa y pectinasas, en presencia y ausencia de los extractos. Estos resultados permitirán seleccionar los extractos más activos. A continuación se caracterizarán los extractos más activos analizando su composición fenólica por cromatografía líquida de alta eficiencia y el posible blanco de acción sobre el hongo identificando los genes que se expresan o reprimen en presencia del fungicida. Finalmente, el fungicida se formulará para ser aplicado en el campo.

# 3. OBJETIVOS Y RESULTADOS ESPERADOS DEL PROYECTO (máximo 1 página)

## 3.1. Objetivo General

Obtener un extracto a partir de residuos de uva con propiedades antifúngicas contra *Botrytis cinerea* y formular un fungicida

## 3.2. Objetivos Específicos y Resultados Esperados

| Objetivos Específicos | Resultados Esperados Asociados a los Objetivos Específicos |
|---|---|
| O1 Obtener extractos de orujos de uva | R1 Se obtendrán diferentes extractos, provenientes de la extracción sólido–líquido con solventes de diferente polaridad o por tratamiento previo del orujo con enzimas hidrolíticas y posterior extracción<br><br>Se compararán los rendimientos de extracción y el contenido de fenoles totales de cada extracción |
| O2 Determinar la actividad antifúngica in *vitro e in vivo* de los extractos | R2 Se identificarán los extractos que presenten mayor actividad inhibitoria del crecimiento micelial o la germinación de *B. cinerea in vitro.*<br><br>Además, se realizarán estudios in vivo, ya sea en hojas o frutos de tomate, y se determinará la capacidad de estos extractos para evitar la infección del tejido por *B. cinerea.*<br><br>Dependiendo del mecanismo de acción, los extractos podrían afectar la geminación, el crecimiento micelial o la capacidad de provocar daño en plantas. |
| 03 Determinar el efecto de los extractos sobre la actividad lacasa y pectinasa de *B. cinerea* | R3 Si se demuestra que los extractos disminuyen la capacidad de *B. cinerea* para provocar daño en los vegetales, se determinará si afectan alguna de las enzimas involucradas en el proceso de infección del vegetal como las lacasas y pectinasas |

| O4 | Caracterizar químicamente el extracto más activo | R4 | Este objetivo permitirá analizar, por cromatografía líquida, el grado de complejidad de los extractos que presenten una mayor actividad antifúngica e identificar los compuestos fenólicos más abundantes |
| --- | --- | --- | --- |
| 05 | Analizar el posible blanco de acción del extracto más activo | R5 | En este objetivo se propone Identificar grupos de genes de *B. cinerea* cuya expresión aumenta o disminuye en presencia del compuesto antifúngico. Esto permitirá inferir el posible mecanismo de acción de los extractos sobre el hongo |
| 06 | Formular el fungicida para su aplicación en el campo | R6 | Se desarrollarán dos formulaciones del extracto que presente la mayor actividad antifúngica con o sin quitosano y se determinará, en estudios en el laboratorio, su actividad antifúngica en vegetales, ya sea hojas y frutos. Se determinará cuál es la mejor formulación para ser utilizada en estudios de campo. |
| 07 | Realizar pruebas de campo, a escala piloto, con los extractos formulados | R7 | Estos resultados permitirán verificar si en el campo, los extractos presentan el mismo efecto antifúngico que en el laboratorio. |

## 4. PLANTEAMIENTO DEL PROBLEMA Y LA SOLUCIÓN PROPUESTA (máximo 1 página)

### 4.1. Planteamiento del Problema u Oportunidad

¿Cuál es el problema u oportunidad?, ¿Cuáles son las causas de la existencia de este problema?, ¿Cuáles son sus efectos?

El sector frutícola en Chile constituye un importante motor para el desarrollo y crecimiento económico nacional, siendo la uva la fruta que más se produce. En el año 2010, la superficie plantada con vides de mesa y vitivinícola correspondió a aproximadamente 187.000 hectáreas que equivale a un 66% de la superficie total destinada a frutales. La producción total de uva alcanzó 1.350.000 toneladas, de las cuales un 71% es uva vitivinícola (ODEPA). El principal problema fitosanitario que enfrentan los productores de vides es la enfermedad denominada pudrición gris, provocada por el hongo *Botrytis cinerea*. La infección de la uva, destinada a la industria vitivinícola, produce cambios bioquímicos que alteran el sabor, olor y claridad del vino. Uno de los factores importantes es la producción de la enzima lacasa (una polifenol oxidasa), por parte del hongo, que oxida compuestos en el vino alterando el sabor, fragancia y propiedades antioxidantes de éste (Jacometti y col., 2010). Este hongo ha sido controlado con diferentes fungicidas de origen sintético, sin embargo en el último tiempo las restricciones al uso de este tipo de fungicidas han ido en aumento debido a la aparición de cepas de *B. cinerea* resistentes, a la opinión pública negativa por el efecto de estos compuestos sobre la salud humana y a la contaminación de suelos y aguas que éstos provocan. Por otra parte, el uso de este tipo de productos está prohibido en las viñas que adoptaron la técnica de cultivo orgánico (Jacometti y col., 2010).

## 4.2. Planteamiento de la Solución

¿Cuál es la solución buscada? ¿Por qué es innovativa y no obvia? ¿Quiénes y cómo se beneficiarán con esta solución?

La búsqueda de antifúngicos de origen natural para controlar a las infecciones producidas por *B. cinerea* es un desafío que ha adquirido cada vez mayor importancia. Las plantas son una fuente importante de metabolitos secundarios, muchos de los cuales presentan actividad antifúngica (Gayer y Harbone, 1994, Harbone y Williams, 2000). Entre los metabolitos aislados de plantas que presentan actividad antifúngica se destacan los compuestos fenólicos que han demostrado actividad contra variadas especies de hongos (Gayer y Harbone, 1994, Harbone y Williams, 2000). Los residuos sólidos de la industria del vino son ricos en compuestos fenólicos, los que provienen principalmente de la uva

(Schieber y col., 2001). Estos residuos se producen después de prensar las uvas, en los vivos blancos, o después del proceso de vinificación en los vinos tintos. En Chile, la producción de vino en el año 2011 fue de 816.665.333 litros (ODEPA). Si se considera que por cada 100 litros de vino se producen 18 kg de residuos sólidos (Rockenbach y col., 2011), entonces en el año 2011 en Chile se produjeron aproximadamente 146.000 toneladas de residuos sólidos de la industria vitivinícola. Resultados obtenidos en nuestro laboratorio demuestran que extractos obtenidos de residuos de la Viña Miguel Torres presentaron actividad antifúngica contra *B. cinerea* (Mendoza y col., 2012). En este trabajo se plantea la formulación de un fungicida obtenido a partir de la extracción de compuestos fenólicos de los residuos sólidos de la Vina Miguel Torres.

El empleo de estos extractos con actividad fungicida beneficiará a los productores de vid, y a las empresas vitivinícolas desde dos perspectivas. La primera es por el uso de un producto natural biodegradable que puede ser utilizado incluso en el cultivo orgánico y la segunda es por la utilización de un residuo de estas empresas, dándole un valor agregado a éste.

**5. ANÁLISIS DEL ESTADO DEL ARTE (máximo 1 página): Evidencias de que es una solución factible y competitiva (con relación a otras soluciones)**

Considere información nacional e internacional sobre publicaciones, proyectos de investigación, desarrollo e innovación de FONDEF, FONDECYT, FIA, PBCT, CORFO, MILENIO y otros fondos nacionales e internacionales, trabajo anterior realizado por el equipo de investigadores en el tema entre otros.

El hongo *B. cinerea* produce la enfermedad denominada pudrición gris, principal problema de los productores de fruta en Chile, especialmente de arándanos, frutillas, frambuesas, tomates y uvas, tanto de mesa como vitivinícolas. El control de este hongo se ha hecho utilizando fungicidas sintéticos, lo que ha generado efectos en la salud humana, problemas de contaminación de suelos y aguas y la aparición de cepas multiresistentes (Jacometti y col., 2010). Esto último sumado al hecho que los importadores de frutas y vinos chilenos restringen cada vez más el uso de estos fungicidas dan el soporte a este proyecto que propone desarrollar un fungicida de origen natural para el control de este hongo.

Dentro de las alternativas a los métodos convencionales de control de B. *cinerea* se encuentran el control biológico, que incorpora microrganismos capaces de combatir al hongo fitopatógeno. Los agentes de control biológico más estudiados en el control de *B. cinerea* son hongos filamentosos de los géneros *Trichoderma*, *Ulacladium* y *Gliocladium*, bacterias de los géneros *Bacillus* y *Pseudomonas* y levaduras de los g{eneros *Pichia* y *Candida*. Otra alternativa es el uso de aceites esenciales, obtenidos de plantas y que contienen compuestos volátiles activos que afecta el crecimiento de *B. cinerea*. La tercera alternativa consiste en el uso de extractos de plantas que contienen fitoalexinas o fitoanticipinas, compuestos con actividad antifúngicas producidos por los vegetales (Jacomett y col., 2010, Romanazzi y coll., 2012).

En Chile, se utilizan actualmente dos fungicidas elaborados a partir de plantas para el control de B. *cinerea*, BC 1000 (Chemie, Chile), formulado en base a extractos de pulpa y semillas de pomelo y STATUS*sulfo* (Anasac, Chile), preparado a partir de una mezcla de extractos de cítricos (Esterio y Auger, 1997 Rivera, 2007).

En este proyecto se propone utilizar extractos de plantas obtenidos de los residuos de las empresas vitivinícolas. Esta alternativa se escogió porque en Chile se producen grandes volúmenes de estos desechos y además son muy ricos en compuestos polifenólicos.

En el mercado internacional hay disponible un fungicida obtenido de un extracto de semillas y pulpa de uva, este extracto contiene grandes cantidades de polifenoles como catequinas, epicatequinas, epicatequinas-3-O-galato y procianidinas diméricas, triméricas y tetraméricas (Saito y col., 1998). Trabajo realizado por nuestro grupo de investigación demostró que extractos obtenidos de residuos de uva presentaron efecto antifúngico contra *B. cinerea* (Mendoza y col., 2012). Estos extractos tienen una composición polifenólica similar a la descrita descrito en el fungicida comercial (Mendoza y col., 2012). En estudios de campo realizados durante tres años consecutivos en la viña Miguel Torres se demostró que una formulación de estos extractos protegía de la infección por *Botrytis* al mismo nivel que el fungicida natural BC1000 (Datos no publicados).

Otro de los aspectos que considera este proyecto es la formulación del extracto, ya que una buena formulación optimiza la actividad biológica del fungicida y permite su uso de forma adecuada y segura. El tipo de formulación depende de la naturaleza química del fungicida (Knowles, 2008). Los extractos obtenidos, por nuestro grupo de investigación, a partir de los residuos de las vitivinícolas son insolubles en agua, por lo tanto han sido formulados para su aplicación en la viña con un agente emulsificador. En este proyecto se propone agregar a la formulación, además del agente emulsificador, el biopolímero quitosano, ya que, en estudios de laboratorio, se ha demostrado que este compuesto solo o combinado con un extracto de uva reduce la aparición de la pudrición gris en frutas (Xu y col., 2007).

Es este estudio se utilizarán residuos de uva de diferentes variedades proporcionados por la viña Miguel Torres, antes de su utilización, los residuos serán molidos. La obtención de los extractos de estos residuos se hará utilizando solventes de distinta polaridad como ha sido descrito (Mendoza y col., 2012). Por otra parte, se prepararán extractos de residuos previamente tratados con enzimas hidrolíticas del tipo celulasas y pectinasas, ya que ha sido reportado que la extracción de compuestos fenólicos desde estos residuos  es más eficiente (Meyer y col., 1998). Se comparará los rendimientos de extracción y la concentración de compuestos fenólicos como ha sido descrito (Kaneria y col., 2011, Mendoza y col., 2012).

1.  **Determinación de la actividad antifúngica**

a) Se determinará el efecto *in vitro* de los extractos sobre el crecimiento micelial y sobre la germinación  de  *B. cinerea* según ha sido descrito (Cotoras y col., 2004).

b) Se realizarán también ensayos in vivo determinando el área de la lesión provocada por *B. cinerea* en hojas o frutos de tomate en presencia o ausencia de los extractos. según ha sido descrito (Cotoras y col., 2004)

c) Además se analizará el efecto de los extractos sobre la actividad lacasa y pectinasa de *B. cinerea*. Para ello, se obtendrá un extracto proteico enriquecido en las enzimas lacasa o pectinasa de *B. cinerea*, creciendo el hongo en un medio de cultivo líquido que contenga glucosa o pectina al 1%, respectivamente. Los cultivos serán incubados por seis días, se eliminará el micelio y el líquido sobrenadante se utilizará como un extracto proteico que contiene las enzimas. Se determinará la actividad de las enzimas lacasa y pectinasa en presencia o ausencia de los extractos de residuos de uva como ha sido descrito (Cotoras y col., 2004).

Todos los experimentos se realizarán al menos en triplicado y con los controles adecuados (solvente y controles positivos). Como control positivo se usará un fungicida comercial

## 2. Caracterización química del extracto que presente la mayor actividad antifúngica

El perfil de compuestos fenólicos presentes en el extracto más activo será analizado por cromatografía líquida de alta eficiencia como ha sido descrito (Mendoza y col., 2012). La identificación se hará por comparación de migración con estándares o por espectrometría de masas de alta y baja resolución.

## 3. Análisis del posible blanco de acción del extracto más activo

Se determinará el efecto del extracto antifúngico sobre la expresión génica en *B. cinerea* por comparación del perfil de expresión génica de *B. cinerea* en presencia o ausencia del extracto de residuo de uva con actividad antifúngica. Para ello, se incubará el micelio con los extractos o solventes por un periodo de tiempo y se aislarán los mRNAs. A partir de los RNA se sintetizará el cDNA, se hibridarán a una placa de microarreglo que contiene el genoma de *B. cinerea* como ha sido descrito (Gioti y col., 2006, Kagan y col., 2005).

## 4. Formulación del fungicida

Debido a la poca solubilidad en agua, el fungicida será formulado como una emulsión concentrada, utilizando para ello al menos dos tipos de emulsificantes. Debido al efecto antifúngico que presenta el quitosano (Reglinski y col., 2010, Xu y col., 2007), las emulsiones serán preparadas en presencia o ausencia de este compuesto a las concentraciones reportadas (Reglinski y col., 2010).

## 5. Análisis del efecto del fungicida formulado en pruebas de campo a escala piloto

Para realizar las pruebas de campo, el fungicida formulado será aplicado en dos hileras de plantas de *Vitis vinífera* variedad Souvignon Blanc de la viña Miguel Torres. Se aplicará dos concentraciones del fungicida en las etapas de floración, pinta del racimo y precosecha. Como control se utilizará plantas no tratadas o tratadas con el fungicida natural BC1000. Antes de la cosecha se cuantificará el porcentaje de racimos de uvas infectados por *B. cinerea*

# Bibliografía


Cotoras, M., Folch, C., Mendoza, L. (2004). Characterization of the Antifungal Activity on *Botrytis cinerea* of the Natural Diterpenoids Kaurenoic Acid and 3-Hydroxy-kaurenoic Acid J. Agric. Food Chem. 52, 2821- 2826.

Esterio, M., Auger, J. (1997). Control de *Botrytis cinerea* Pers. en vid (*Vitis vinifera* L.) utilizando fungicidas no convencionales: BC-1000 y Trichodex. *Aconex* 54: 11-17.

Gayer, R., Harbone, J. (1994). A survey of antifungal compounds from higher plants 1982-1993, Phytochemistry, 37, 19-42.

Gioti, A., Simon, A., Le Pecheur, P., Giraud, C., Pradier, J.M., Viaud, M., Levis, C. (2006). Expression profiling of *Botrytis cinerea* genes identifies three patterns of Up-regulation in planta and an FKBP12 protein affecting pathogenicity. J. Mol. Biol. 358, 372–386.

Harbone, J., Williams, C. (2000). Advances in flavonoid research since 1992, Phytochemistry, 55, 481504.

Jacometti, M.A., Wratten, S.D., Walter, M. (2010). Review: Alternatives to synthetic fungicides for *Botrytis cinerea* management in vineyards. Australian J. Grape Wine Res. 16, 154–172.

Kagan, I.A., Michel, A., Prause, A., Scheffler, B.E., Pace, P., Duke, S.O. (2005). Gene transcription profiles of Saccharomyces cerevisiae after treatment with plant protection fungicides that inhibit ergosterol biosynthesis. Pestic. Biochem. Physiol. 82, 133–153.

Kaneria, M.J., Bapodara, M.B., Chanda, S.V. (2011). Effect of extraction techniques and solvents on antioxidant activity of pomegranate (*Punica granatum L.*) leaf and stem. Food Anal. Methods DOI
10.1007/s12161-011-9257-6.

Knowles, A. (2008). Recent developments of safer formulations of agrochemicals. Environmentalist 28, 35-44.

Mendoza, L., Yañez, K., Vivanco, M., Melo, R., Cotoras, M. (2012). Characterization of extracts from winery by-products with antifungal activity against *Botrytis cinerea*. Artículo enviado a la revista *Industrial Crops and Products*

Meyer, A.S., Jepsen, S.M., Sørensen, N.S. (1998). Enzymatic Release of Antioxidants for Human LowDensity Lipoprotein from Grape Pomace. J. Agric. Food Chem. 46, 2439-2446.

Reglinski, T., Elmer, P.A.G., Taylor, J.T., Wood, P.N., Hoyte, S.M. (2010), Inhibition of *Botrytis cinerea growth* and suppression of botrytis bunch rot in grapes using chitosan. Plant Pathol. 59, 882–890.

Rivera, A. (2007). Evaluación y caracterización de la actividad antifúngica de la especie *Quillaja saponaria* Mol. cultivada in vitro en *Botrytis cinerea*. Tesis para optar al grado académico de Doctor en Ciencias de Recursos Humanos de la Universidad de la Frontera, Temuco, Chile

Rockenbach, I.I., et al., (2011). Phenolic compounds content and antioxidant activity in pomace from selected red grapes (*Vitis vinifera L. and Vitis labrusca L.*) widely produced in Brazil. Food Chemistry, 127, 174-179.

Romanazzi, G., Lichter, A., Gabler, F.M., Smilanick, J. L. (2012). Recent advances on the use of natural and safe alternatives to conventional methods to control postharvest gray mold of table grapes. Postharvest Biol. Technol. 63, 141-147.

Saito M, Hosoyama H, Ariga T, Kataoka S, Yamaji N (1998) Antiulcer activity of grape seed extract and procyanidins. J Agric Food Chem 4, 1460–1464.

Schieber, A., Stintzing, F.C., Carle, R. (2001). By-products of plant food processing as a source of functional compounds -- recent developments. Trends Food Sci. Technol. 12, 401-413.

Xu, W.T., Huang, K.L., Guo, F., Qu, W., Yang, J.J., Liang, Z.H., Luo, Y.B. (2007). Postharvest grapefruit seed extract and chitosan treatment of table grapes to control *Botrytis cinerea*. Postharvest Biol. Technol. 46, 86–94.

# 7. TRANSFERENCIA TECNOLÓGICA (1 página)

## 7.1. Resultados, Beneficiarios y Clientes Potenciales

Identifique los usuarios, beneficiarios o clientes potenciales de los resultados del proyecto y describa los beneficios y ventajas que estos les reportarán.

| Resultados y/o Productos esperados | Usuarios, Beneficiarios o Clientes potenciales | Descripción de beneficios o ventajas de los resultados para los usuarios o clientes |
|---|---|---|
| Extractos naturales provenientes de orujos de uva formulados para ser usados como fungicidas para el control de *B. cinerea* | Empresas agrícolas y vitivinícolas nacionales o extranjeras | La correcta aplicación del extracto natural permitirá disminuir las pérdidas por acción de organismos patógenos de las vides, en especial de *B. cinerea*. |
| Reutilización de residuos biológicos como orujo, escobajo, borra y borra líquida, producidos después de la etapa de postcosecha en la industria vitivinícola | Empresas vitivinícolas nacionales o extranjeras | El uso de residuos de la actividad vitivinícola permitirá dar valor a subproductos tales como orujos, escobajos, borras, entre otros, que de otra forma generan costos de disposición para la empresa; además de tratarse de una tecnología limpia y amigable con el medio ambiente |

## 7.2. Propiedad Industrial e Intelectual

Identifique los derechos de propiedad intelectual y/o industrial que generará el proyecto.

| Resultados y/o Productos esperados | Tipo de innovación: de producto, de proceso, software, otro | Forma de protección esperada: patente de invención, modelo de utilidad, diseño industrial, copyright, etc. |
|---|---|---|
| Para este proyecto se considera que pueden ser objeto de patentamiento: la composición del producto, el proceso de obtención de los extractos y la formulación del fungicida. | De producto y de proceso. | Se presentará en una Patente de Invención, o lo que se denomina Unidad de Invención que resuelve el problema planteado en el proyecto |

# 8. IMPACTO ECONOMICO Y SOCIAL DEL PROYECTO (máximo 1 página)

## 8.1. Identifique los beneficios y tipo de impactos económicos sociales a obtener

Cuantifique en lo posible estos impactos

Se considera que el proyecto impactará positivamente, ya que se utilizarán residuos biológicos agrícolas para producir fungicidas, los cuales en la actualidad están siendo dispuestos en lugares de acopio y en algunos casos se utilizan para elaboración de compost. Actualmente son considerados pasivos ambientales, su uso no está definido y además causan gastos operacionales a las empresas.

Por otro lado, el desarrollo y elaboración de un fungicida natural eficiente para el tratamiento de la *Botrytis cinerea*, evitaría el uso actual de plaguicidas químicos sobre los campos de cultivo y que ocasiona contaminación de suelo, agua y aumento en la resistencia de las cepas de los hongos.

No se consideran impactos negativos, puesto que la aplicación del producto estará regulada y normada por las autoridades sanitarias competentes (SAG).

## 8.2. Análisis de la situación sin proyecto

Sin el desarrollo de este proyecto se seguirán aplicando mayoritariamente fungicidas de origen sintético y, por otra parte, se dispondrá de una variedad muy restringida de fungicidas de origen natural. Adicionalmente, la acumulación de estos residuos de la industria vitivinícola genera impactos ambientales negativos y no se les otorgara valor agregado a los desechos.

## 8.3. Análisis de la situación con proyecto

Con el proyecto, se dispondrá de un nuevo fungicida de origen natural. Se reutilizarán desechos provenientes de las industrias vitivinícolas, ricos en compuestos fenólicos bioactivos. El uso de residuos de la actividad vitivinícola permitirá dar valor a subproductos tales como orujos, escobajos, borras, entre otros, que de otra forma generan costos de disposición para la empresa; además de tratarse de una tecnología limpia y amigable con el medio ambiente

## 9. EQUIPO DE INVESTIGADORES

| Nombre | Máximo grado académico/disciplina | Rol en el proyecto |
| --- | --- | --- |
| Milena Cotoras | Doctor/Microbiología | Director |
| Leonora Mendoza | Doctor/Química | Director Alterno |
| Evelyn Silva | Doctor/Bioquímica | Investigador |

Adjuntar el CV resumido (máximo una página) de tres de los investigadores principales.

# Proyecto 2

**PROYECTOS DICYT CONCURSO 2012**

| Apellidos y Nombres | |
|---|---|
| **Investigador Responsable** | JUANA ANDREA IBACACHE ROJAS |

| Tipo de Postulación (marcar con una X) | | |
|---|---|---|
| X | | |
| **Proyecto Regular** | **Proyecto de Iniciación (financiamiento compartido)** | **Proyecto Continuidad FONDECYT** |

**FORMULARIO POSTULACIÓN DICYT 2012**

## I.  ASPECTOS GENERALES

| Título | Diseño, síntesis y propiedades redox de diaminas N,N'diisoquinoil sustituídas |
|---|---|

**Escriba 3 palabras claves que identifiquen el proyecto**

| N-heterociclos | Donor-aceptores | Potencial de semi-onda |
|---|---|---|

| Nº Años | Disciplina CONICYT |
|---|---|
| 2 | 33 (Química Orgánica) |

**Disciplina**

| | | | | | | |
|---|---|---|---|---|---|---|
| | Materiales | | Ciencias Sociales | | Física |
| | Minas | | Economía | | Matemáticas |
| | Metalurgia | | Educación | | Estadísticas |
| × | Química | | Humanidades | | Sistemas |
| | Biología | | Alimentos | | Informática |
| | Medicina | | | | |
| | Ambiente | | | | |
| | Energía | | | | |

## I.1 Investigador (a) Responsable

| | |
|---|---|
| **Nombres** | JUANA ANDREA |
| **Apellidos** | IBACACHE ROJAS |
| **RUT** | |
| **Fecha Nacimiento** | |
| **Departamento** | CIENCIAS DEL AMBIENTE |
| **Facultad** | QUÍMICA Y BIOLOGÍA |
| **Fecha Ingreso a la Corporación** | |
| **Jerarquía** | Instructor    Asistente  ×  Asociado    Titular    |
| **Grado** | Licenciado    Magíster  ×  Doctor    SinGrado    |
| **Jornada** | ½ Jornada    ¾ Jornada  ×  Jornada Completa    |
| **Horas dedicación semanal al proyecto** | 22 horas semanales |
| **Correo Electrónico** | Juana.ibacache.r@usach.cl |
| Firma Investigador (a) Responsable | |

## II. RESUMEN

Debe indicar claramente los principales puntos que se abordarán: **objetivos, metodología y resultados que se espera obtener.** Su extensión no debe exceder el espacio disponible. Considere que una buena redacción facilita la adecuada comprensión y evaluación del proyecto. (letra tamaño 10, Arial o Verdana y simple espacio).

**Objetivos**
Sobre la base de antecedentes del farmacóforo aminoquinona en el desarrollo de nuevos agentes con potencial actividad antitumoral, en particular los que conciernen a isoquinolinquinonas, nos propusimos

preparar nuevas series donor-aceptoras diméricas, formadas por un espaciador –HN-arilo-NH- que actúa como donor-espaciador conectando dos residuos bioactivos de quinonas (iguales o diferentes) como aceptores. El diseño se orienta a evaluar las propiedades redox, en términos de sus potenciales de semionda, para su posterior estudio como eventuales cicladores redox. El diseño busca disponer, para estudios futuros, de nuevas sustancias que sean cuantitativamente más eficientes, que sus especies monómeras, en la generación de especies ROS de manera de incrementar la muerte celular vía stress oxidativo en células de cáncer.

**Resultados Esperados**

Los nuevos compuestos donor-aceptores diseñados son eficientes generadores de especies ROS, provocando muerte celular *via* estres oxidativo. Los nuevos miembros de estas series actuarán como cicladores–redox con capacidades variables en función de sus efectos electrónicos sobre el anillo quinonico N-heterociclico. En las moléculas donor-aceptoras diméricas, la presencia de **dos residuos aceptores** de quinona (iguales o diferentes) unidos a un espaciador común –HN-arilo-NH- con **dos centros donores,** favorecerá la generación eficiente de especies ROS, debido a que la capacidad electroactiva de la molécula se duplica. De esta clase de diseño molecular se espera que la acción antiproliferativa se incremente de manera significativa respecto de los modelos monoméricos.

---

**III. FORMULACIÓN DEL PROYECTO, MARCO TEÓRICO Y DISCUSIÓN BIBLIOGRÁFICA:**

Esta sección debe contener la exposición general del problema y su relevancia como objeto de investigación. Es importante precisar los aspectos nuevos a desarrollar a la luz del estado del arte de la investigación en el tema de la propuesta, así como el análisis bibliográfico que lo avala. La extensión máxima de esta sección es de **6 páginas** (letra tamaño 10, Arial o Verdana y simple espacio).

---

El cáncer, es la segunda causa de mortalidad en el mundo. Esta enfermedad se caracteriza por una desregularización del ciclo celular, lo cual resulta en una progresiva pérdida de la diferenciación celular y un crecimiento celular no-controlado. A pesar de los avances logrados por la medicina, el cáncer sigue siendo una patología líder que amenaza la vida. Por lo tanto existe una creciente necesidad de nuevas terapias, especialmente de aquellas que se basan en el conocimiento actual de la biología del cáncer, así como aprovechando el fenotipo de las células de cáncer, descrito por Hanahan and Weinberg1.

Las quinonas se encuentran ampliamente distribuidas en la naturaleza y están presentes en muchas drogas como la doxorubicina y mitoxantronas; los efectos citotoxicos de estas quinonas se deben principalmente a la inhibición de la ADN-topoisomerasa II. Las quinonas también desempeñan importantes funciones biológicas como aceptores de electrones en la cadena transportadora de electrones en la respiración aérobica, y en el metabolismo de agentes antitumorales que presentan quinonas en su estructura, el cual implica la reducción enzimática de la quinona por uno o dos electrones2-13.

En la búsqueda de nuevos agentes con actividad antitumoral a través de procesos de redox cycling (estres oxidativo), este proyecto se orienta hacia la síntesis de nuevos compuestos quinónicos "donor-aceptores", como potenciales cicladores redox, los cuales son diseñados sobre la base de compuestos lideres previamente preparados en nuestro laboratorio.

El diseño busca disponer, para estudios futuros, de nuevas sustancias que sean cuantitativamente más eficientes, que sus especies monómeras, en la generación de especies ROS de manera de incrementar la muerte celular vía stress oxidativo en celulas de cáncer.

## Marco Teórico

La combinación donor-aceptora para el diseño de agentes antitumorales ha sido exitosa en quinonas que contienen enlazados al anillo quinonico un grupo amino libre o sustituido. Estos diseños se inspiran en las estructuras de drogas antitumorales de origen natural como estreptonigrina, mitomicina C y cribrostatin, que poseen un grupo amino unido al anillo quinonico14,15.

En otro ámbito del diseño de aminoquinonas se ha descrito la síntesis y evaluación biológica de arilaminoisoquinolinquinonas. Estos estudios se han inspirado en la estructura del farmacóforo aminoquinolinquinona de la estreptonigrina. Los miembros de dichas series de aminoquinonas presentan actividad antitumoral comparable a la estreptonigrina16,17,18. Es interesante mencionar que el mecanismo de acción citotoxica de estas quinonas donor-aceptoras está relacionado con un proceso de bioreduccion para su activación. De modo que, en esta clase de compuestos, la capacidad aceptora de electrones del sistema puede ser modificado por introduccion de sustituyentes al sistema electroactivo. De esta forma, es posible modular el potencial redox.

## III.1 HIPÓTESIS DE TRABAJO:



En base a precedentes SAR, nuevos congéneres de estas series serán diseñados y preparados para evaluar sus propiedades redox. La estructura de los nuevos modelos admitirá cambios en términos de los fragmentos quinoides y del espaciador para disponer de una serie representativa de miembros con capacidades redox variables. El acceso a los modelos de monómeros y dímeros se realizará a través de reacciones de acoplamiento oxidativo controlados o por etapas y, eventualmente, se recurrirá al uso de catálisis. Los valores de los potenciales de semi-onda, proporcionaran valiosa información sobre la potencial aplicación de las moléculas objetivo en estudios posteriores de actividad antiproliferativa.

## III.2 METODOLOGÍA:



Las reacciones químicas involucradas en este proyecto están basadas en trabajos previos realizados en nuestro laboratorio[21] y por trabajos reportados por otros autores[18].

El progreso de las reacciones será monitoreado, como es habitual, por cromatografía de capa fina y los productos de reacción serán aislados por cromatografía en columna sobre gel de sílice. La estructura de todos los compuestos, no reportados anteriormente en literatura, será establecida mediante técnicas (IR, 1 y 2D RMN) y datos microanalíticos (HRMS).

Las mediciones de los potenciales de semi-onda, será determinada por voltametria cíclica en la Facultad de Química de la PUC, utilizando un procedimiento anteriormente descrito en la literatura[21].

**III.3 TRABAJO POR ADELANTADO POR LOS (LAS) AUTORES DEL PROYECTO:**

Si corresponde resuma los principales resultados de sus trabajos anteriores sobre el tema. máximo una página  (letra tamaño 10, Arial y simple espacio).

La quinona **4**, fue seleccionada como el precursor para la síntesis de los derivados de aminoisoquinolin-5,8-quinona, debido a su fácil acceso desde productos de partida comerciales y a la alta regioselectividad que presenta en reacciones de acoplamiento oxidativo con aminas. Esta quinona fue preaparada en **74%** de rendimiento desde 2,5dihidroxiacetofenona y 3aminocrotonato de metilo usando un procedimiento one- pot previamente reportado en nuestro laboratorio.1 Posteriormente, se ha realizado la síntesis de 7-anilinoisoquinolin-5,8quinona derivados 7. La reacción presenta alto rendimiento (30-97%) y  tiempos cortos de reacción[2].

El estudio electroquímico de la capacidad electroactiva del núcleo quinonico en los amino derivados, evaluados en función de su potencial de semi-onda, mostró que el efecto donor de los sustituyentes decrece en el siguiente orden 4-F >4-OH > 4-OMe > H > N-Me > 2,5-(OMe) > N-Et. Adicionalmente el análisis QSAR de los datos revelo que el primer potencial de semi-onda es un parámetro determinante para la actividad antitumoral sobre adenocarcinoma gástrico y de vejiga.

# Proyecto 3

**Investigadora Principal: Dra. Alejandra Moenne**

Genome sequencing, isolation of new metallothioneins (MTs), and characterization of metal ions binding to old and new MTs in the marine alga *Ulva compressa* (Chlorophyta).

## Introduction

Marine water is contaminated by several pollutants such as nano- and micro- plastics, hydrocarbons, pesticides and heavy metals all over the world, due to plastic wastes drop into the sea, fuel production from petroleum, use of chemical pesticides in agriculture and several other industrial processes (Brennecke et al., 2016; Pittura et al., 2018; Choy et al., 2019). In the future, it will be necessary to count with biological systems that accumulate these contaminants in order to remediate polluted seawater. The model seaweed *Ulva compressa* (Chlorophyta) has been extensively investigated in order to determine mechanisms involved in copper tolerance and accumulation. This alga will be useful to remediate seawater from heavy metals in the future and/ or genes involved in copper tolerance and accumulation may be transferred to a terrestrial plants in order to remediate heavy-metals contaminated soils or to a green alga with higher biomass such as *Ulva lactuca* to remediate heavy-metal contaminated seawater.

Heavy metals are classified as essential when they act as cofactors of proteins and enzymes (Yadav et al, 2010, Ali et al., 2019). Essential heavy metals are required only in trace amounts since in excess they induced the production of Reactive Oxygen Species such (ROS) as superoxide anions and hydrogen peroxide (Foyer and Noctor, 2011). ROS can directly oxidize biomolecules such as fatty acids, proteins and nucleic acids leading eventually to cell death (Yadav et al, 2010, Ali et al., 2019). There are also non-essential heavy metals such as cadmium, lead, mercury, chromium and others and these nonessential metals are toxic even in trace amounts (Yadav et al., 2010; Ali et al., 2019). The principal mechanism to buffer oxidative stress induced by heavy metals is the activation of antioxidant enzymes such as superoxide dismutase, that dismutate superoxide anions to hydrogen peroxide; and catalase (CAT), ascorbate peroxidase (AP), glutathione peroxidase (GP) and peroxiredoxin (PRX) that convert hydrogen peroxide into oxygen and water (Foyer and Noctor, 2011; Ali et al., 2019). In addition, ROS can be directly buffered by antioxidant compounds such as ascorbate (ASC) and glutathione (GSH); ASC and GSH are also the substrates of antioxidant enzymes AP and GP that are coordinated with glutathione reductase

(GR) that uses NADPH as final reducing power constituting the Halliwel-Asada-Foyer cycle. (Foyer and Noctor, 2011).

Another mechanism to buffer oxidative stress induced by heavy metals is the synthesis cysteine-rich peptides and proteins that sequester heavy metals ions (Cobbet and Goldsbrough, 2005). The sequestering of heavy metals can also be achieved by GSH, a tripeptide constituted by glutamate, cysteine and glycine, and/or by phytochelatins (PCs) that are formed by condensed units of GSH (n= 2-12) (Cobbet and Goldsbrough, 2005).

Proteins that sequester heavy metals are metallothioneins (MTs) which are small proteins (around 10kDa) containing a high percentage of cysteine residues (20-30% of amino acids) and hydrophobic amino acids such as glycine and alanine, and a low percentage of aromatic amino acids (Cobbet and Goldsbrough, 2005). MTs can sequester divalent and monovalent cations such as copper, zinc, cadmium, lead, mercury and silver (Cobbet and Goldsbrough, 2005).

MTs are present in cyanobacteria, protists, fungi, nematodes, animals, plants and algae (Blindauer et al., 2010; Palacios et al., 2011; Leszczyszyn et al., 2013). In animals, there are four MTs, in fish there are two MTs, in invertebrates there are mainly two MTs, and in yeast there are two MTs, CUP-1 and CRS-5 (Blindauer et al., 2010). In plants, there are mainly six MTs as it has been shown in *Arabidopsis thaliana and Populus trichocarpa x deltoides* (Leszczyszyn et al., 2013). In marine brown and red macroalgae genomes there is only one MT encoded; until recently the only MT cloned and expressed was the MT from the brown macroalga *Fucus vesiculosus* (Morris et al., 1999; Leszczyszyn et al., 2013). However, it has been recently shown that green macroalga *Ulva compressa* contain at least three MTs that allow the accumulation of copper and zinc when overexpressed in bacteria (Zúñiga et al., 2020).

There are important examples showing that MTs are involved in the binding and accumulation of heavy metals in plants and animals. The expression of *A. thaliana* MT1a, MT2a, MT2b, MT3, MT4a in the yeast *Saccharomyces cerevisiae* that lacks the MT CUP-1 allowed the accumulation of copper in this yeast (Guo et al., 2008). In addition, the lack of MT1a, but not MT2b, produced a 30% lower accumulation of copper in *Arabidopsis* leaves and the expression of MT1a in the double mutant that lacks MT1a/MT1b restored copper accumulation (Guo et al., 2008). Moreover, the quadruple mutant of

*A. thaliana* that lacks MT1a/MT2a/MT2b/MT3 accumulates 45% less copper than the double mutant

MT1a/MT1b (Benatti et al., 2014). In addition, the freshwater mussel *Anodonta woodiana* cultured with increasing concentrations of cadmium accumulates increasing amounts of the metalloid and showed a higher expression of MTs (Li et al., 2015). In addition, the accumulation of intracellular cadmium significantly correlated with the increases in MT transcript levels. The Mediterranean plant *Hirshfeldia incana* accumulate lead in roots and leaves and the mutation of MT2a gene induced a decrease in lead accumulation (Auguy et a., 2013). Tobacco cells transformed with mouse MT1 destinated to the chloroplast accumulate a higher amount of mercury compare with controls (Ruiz et al., 2011). The overexpression of a MTs from the brown marine alga *Fucus vesiculosus* in *E. coli* allowed the accumulation of arsenide and arsenate, but not cadmium, zinc or lead (Singh et al., 2008). Thus, MTs participate in the accumulation of different heavy metals in plants and animals.

> *U. compressa* is a marine green macroalga that is the dominant species in heavymetal contaminated coastal sites of Chile, and around the world (Seeliger and Cordazzo, 1982; Villares et al., 2001; Ratkvicius et al., 2003). The alga collected in heavy-metal polluted coastal sites in northern Chile showed an accumulation of copper reaching 750 µg g-1 of dry weight (DW), displayed the activation of the antioxidant enzyme AP, and the synthesis of ASC and that was accumulated as dehydroascorbate (DHA) (Ratkevicius et al., 2003). Interestingly, the AP activity showed a maximal activity with 16 mM hydrogen peroxide that is much higher than the optimal concentration in terrestrial plants that is around 0.1-0.5 mM (Yoshimura et al., 1998; Ratkevicius et al., 2003). In addition, the alga showed full viability with 50 µM for 7 days and, thus, 10 µM of copper was chosen as a sub-lethal concentration for experiments that will be performed *in vitro* (González et al., 2012). Regarding copper tolerance, the alga was cultivated with 10 µM copper for 7 days and showed the activation of antioxidant enzymes such as superoxide SOD, AP and GR (González et al., 2010; González et al., 2012). In addition, copper induced the synthesis of antioxidant compounds ASC, GSH and PCs (Mellado et al., 2012).

Regarding copper mechanisms of copper accumulation, the alga was cultivated with increasing concentrations of copper such as 2.5, 5, 7.5 and 10 µM for 0, 1, 3, 5, 7, 9 and 12 days showed a linear increase of intracellular copper reaching 620 µg g-1 of DW with 10 µM copper at day 12 (Navarrete et al., 2019). In addition, the alga cultivated with 25 µM for 10 days showed an intracellular level of copper of 864 µg g-1 of DW (Navarrete et al., 2019). If the linear relationship of copper concentration in seawater and intracellular copper has been maintained, the level of intracellular copper might have been 1500 µg g-1 of DW, which suggests that a copper extrusion mechanism is operating in the alga. In fact, the alga extrudes copper ions and GSH to the extracellular medium in equimolar mounts suggesting that GSH may be required for copper extrusion (Navarrete et al., 2019). In addition, there was an increase in GSH from day 1 to 12, mainly with lower concentrations of copper (2.5 and 5 µM). In addition, there was an increase in phytochelatins (PCs), which are peptides formed by condensation of two or more GSH units, from day 1 to 12 with higher concentrations of copper (7.5 and 10 µM). Furthermore, the amount of total thiol groups (GSH + PCs) correlated with the increase in intracellular copper level suggesting that GSH and PCs are required for copper accumulation (Navarrete et al., 2019). In addition, the increase in expression of three potential MTs was observed with higher concentrations of copper with maximal level at days 3 to 12 (Navarrete et al., 2019). Thus, it is possible that GSH, PCs and MTs may participate in a coordinated and complementary manner in the accumulation of copper in *U. compressa*.

It was initially shown using transcriptomic analyses that *U. compressa* may express seven different MTs (Laporte et al., 2016). Then, transcripts encoding three MTs from *U. compressa* designated UcMT1, UcMT2 and UcMT3 were cloned and they encode proteins of  proteins of 8.2, 9.05 and 13.4 kDa, respectively, and the content of cysteines was 29, 30 and 24%, respectively (Zúñiga et al., 2020). UcMTs were overexpressed as fusion proteins containing a N-terminal sequence corresponding to the enzyme glutathione-Stransferase (GST) of the platyhelminth *Schystosoma japonicum*, an enzyme that contains only one cysteine and that is not able to bind heavy metals (Zúñiga et al., 2020). GST-MTs were overexpressed in *E. coli* cultivated with

1mM copper or 1 mM zinc and they allowed copper and zinc accumulation in this bacterium. UcMT1 and UcMT2 allowed a higher accumulation of copper compare with MT3, and the three GST-MTs allowed a similar accumulation of zinc in bacteria (Zúñiga et al., 2020). Thus, UcMTs allowed copper and zinc accumulation *in vivo* indicating that are true MTs which suggests that they may participate in copper accumulation in *U. compressa.*

Recently, *U. compressa* was collected in two copper-polluted sites in northern Chile and in several control sites in central and northern Chile. Algae of copper-polluted sites accumulated higher amounts of copper and displayed an increase in transcripts encoding UcMT1 and UcMT2 compare to the algae of control sites (Espinoza et al., submitted). GSH and PCs were detected in very low levels in algae of copper-polluted and control sites (Espinoza et al., in preparation), compare to algae cultivated with 10 copper µM of copper (Navarrete et al., 2019). In addition, UcMTs were purified heating protein extracts at 70ªC for 10 min and the non-denatured proteins were separated in a polyacrylamide denaturant gel. A single band of 11 kDa was observed which may correspond to UcMT1 and/or UcMT2, of 8.2 and 9.05 kDa, but the latter will be confirmed using specific antibodies in the future. In addition, algae of a control site and a copperpolluted sites, and algae of a control site cultivated with 10 µM of copper for 5 days, or without copper for 5 d, were analyzed by transmission electron microscopy (TEM) and electrodense particles inside the cells were analyzed in their copper content using Energy Dispersive X-Ray Spectrometry (EDXS). Algae of copper-polluted sites, and algae cultivated with copper, presented electrodense particles containing copper and these particles were located in the chloroplasts. In contrast, algae from control sites, or cultivated without copper addition, showed electrodense particles that they did not contain copper (Espinoza et al., submitted). Thus, it possible that copper ions are accumulated through the binding to UcMT1 and/or UcMT2 in the chloroplasts of *U. compressa.*

Recent transcriptomic analyses were performed with total RNA of the alga cultivated with 10 µM copper for 0, 1, 3 and 5 days (Laporte et al., 2020). These analyses allowed the identification of two new MTs (see advanced work). On the other hand, the sequencing of *U. compressa* genome is in course using PacBio and Illumina techniques, and the assembly and annotation of genes using bioinformatic tools will be performed in the future. In this project, I proposed to perform the assembly and annotation of the genome of *U. compressa*, the identification of two or more new MTs, the isolation and characterization of these new MTs and their expression in bacteria cultivated copper and zinc. In addition, it is proposed to analyze the expression of old and new MTs UcMTs is response to other metals such as cadmium, lead and arenate using antibodies prepared against old and new UcMTs. Expected results are: the assembly and gene annotation of the genome and the identification of new MTs, and probably the antioxidant enzyme AP (paper 1); the isolation and characterization new MTs and their expression in bacteria cultivated with copper and zinc (paper 2); the ability of *U. compressa* to accumulate cadmium, lead and arsenate, the expression of old and new MTs in response to these metals and the identification of new and old MT proteins in the alga cultivated with these metals using specific antibodies by Western blot (paper 3).

## Hypothesis

The genome of *U. compressa* encodes new MTs that can bind copper and zinc, and old and new MTs may allow the accumulation of heavy metals such as cadmium, lead and arsenate in *U. compressa*.

## Main objective

To identify all MTs present in *U. compressa* genome and to characterize their differential binding of heavy metals such as copper and zinc in bacteria, and cadmium, lead and arsenate in *U. compressa*.

## Specific objectives

1. Assembly of the *U. compressa* genome, annotation of genes and identification of new MTs.
2. Isolation of new MTs and analysis of their overexpression in bacteria allowing copper and zinc accumulation.
3. Identification of UcMTs transcripts and proteins involved in cadmium, lead and arsenate accumulation in *U. compressa*.

# Materials and Methods

## Isolation of *U. compressa* DNA and sequencing

Total DNA was purified from *U. compressa* as described by Ramakrishnan et al. (2017). The alga (100 mg g of fresh tissue) was frozen in liquid nitrogen and homogenized in a mortar with a pestle. One mL of buffer 100 mM Tris-HCl pH 7.8, containing 20 mM EDTA, 1.5 M NaCl, 1% sarkosyl, 2% PVP and 0.2% beta-mercaptoethanol was added and the homogenization was pursued. The mixture was centrifuged 14,000 rpm for 10 min at 4 °C and the supernatant was recovered. The supernatant was mixed with 1/9 volumes of ethanol1/4 volume of potassium acetate 3 M in order to remove polysaccharides. One volume of chloroform:isoamyl alcohol (24:1) was added, the mixture was vigorously vortexed and incubated at -20°C for 20 min with constant mixing. The mixture was centrifuged at 14,000 rpm for 20 min and the upper phase was discarded. Nucleic acids

(50 µg) were resuspended in water-DEPC and treated with RNAse A 1 mg mL-1 at 37 °C for 30 min and they were precipitated with isopropanol. Total DNA was sequenced by PacBio and Illumina techniques in BGI (Beijing, China) and reads were already sent to us.

## Assembly of *U. compressa* genome, gene annotation and identification of UcMTs

Raw reads will be cleaned of adaptors and sequences of low quality, and bacterial sequences will be retrieved. PacBio long scaffolds will be assembled using Canu v.2 and then the hybrid assembly with Illumina reads will be obtained using the software

SSpace_LongReads v1.0 using the server located in the Center of Bioinformatics and

Integrative Biology, at Universidad Andrés Bello, under the supervision of Prof. Eduardo Castro-Nallar (see the collaboration letter in annexes). Genes will be identified using el pipeline de MakerP (http://www.yandell-lab.org/software/index.html) using previously obtained transcriptomes of U. compressa (Rodríguez et al., 2018; Laporte et al., 2020). Then, functional annotation will be performed using InterProScan v5.42-78.0, Eggnog mapper v2.0.0 and the database EggNOG v5.0, and with GhostKoala and the database KEGG. New UcMTs will be identified using a MT database and the software MMseq2 v.11e1a1c.

## Amplification, cloning, sequencing and expression in bacteria of new MTs

The 5´and 3´ UTRs of transcripts encoding new UcMTs will be performed using purified mRNAs and RACE-PCR technique and primers designed based on genomic sequences, as it was described in Zúñiga et al. (2020). The Open Reading Frames (ORFs) will amplified by conventional PCR using primers designed based on genomic sequences. The amplified 5´and 3´UTRs and ORFs will be cloned in pGEM-T vector (Invitrogen, USA) and sequenced by Macrogen (Seoul, Korea). The ORFs of new UcMTs will be translated into amino acids and MW and % of cysteine will be analyzed for each new UcMT. ORF sequences will be optimized to be expressed in *E. coli* and cloned in the expression vector pGEX-5X-1 (Genscript, USA) that allow the expression of fusion proteins corresponding to glutathione-S-transferase of the platyhelminth fused, in N-terminal position, to each

UcMTs (GST-UcMT). Plasmids will be transformed in E. coli, their expression induced with 0.5 mM IPTG in bacteria cultivated for 1, 3, 6, 9 and 12 h in Luria-Bertani medium. Protein extracts will be prepared from E. coli and the overexpression of each UcMT will be analyzed in a polyacrylamide denaturant gel stained with Coomassie blue dye, as described in Zúñiga et al. (2020). To verify that overexpressed proteins are real GSTUcMTs, bacterial proteins will be separated in a polyacrylamide, transferred to a nylon membrane and detected with anti-GST antibody (Genscript, USA).

Expression of new MTs in bacteria cultivated with copper and zinc and detection of their intracellular accumulation

Expression of newly identified UcMTs transformed in E. coli will be induced with IPTG and bacteria will be cultivated for 6 h in Luria-Bertani medium supplemented with 1 mM copper or 1 mM zinc. Bacterial pellets will be dried at 60 °C for 48 h, suspended in 5 mL of 60% (v/v) of nitric acid and incubated at 85 °C for 2 h and the solutions filtered with 0.22 um filters. Copper and zinc will be analyzed using an Atomic Emission Spectrophotometer (Thermo-Fisher, USA).

## Culture of *U. compressa* with cadmium, lead and arsenate

Algae will be collected in a pristine site (Cachagua) and cultivated in seawater collected in

Las Cruces, a pristine site. Algae (5 g of fresh tissue) will be cultivated in 150 mL of seawater without copper addition (control) and supplemented with 10 µM of cadmium, lead or arsenate for 0, 1, 3, 5, 7 and 9 days, in triplicates. Algae will be collected and rinsed twice with 50 mM Tris-10 mM EDTA in order to remove copper ions bound to the cell wall.

## Analysis of accumulation of cadmium, lead and arsenate in *U. compressa*

Algae (5 g of fresh tissue) will be dried in an oven at 50 °C for 48 h and stored at 4 °C. Algae (0.5 g of dry tissue) will be incubated with 6 mL of 65% nitric acid and 2 mL of 30% hydrogen peroxide in Teflon vials in a microwave oven for 10 min at 200 °C and 1800 W of power, 20 min at 200 °C and 20 min at 200 °C and 1800 W of power. Digests will be cooled at room temperature for 30 min and diluted with 10 mL of ultrapure water.

Samples were analyzed using an atomic emission spectrophotometer (Thermo-Fisher, USA). Calibration curves will be obtained with increasing concentration of copper, lead and arsenate of 0, 10, 20, 30 and µg per mL-1 dissolved in ultrapure water, as described in Zúñiga et al. (2020).

## Quantification of transcripts encoding old and new UcMTs in response to cadmium, lead and arsenic in *U. compressa*

Transcripts encoding old and newUcMTs will be amplified by real-time PCR using primers described for UcMT1, UcMT2 and UcMT3 (Zúñiga et al., 2020), and newly designed primer for new UcMTs, using a real-time thermocycler (Agilent, USA). Transcripts encoding beta-tubulin will be used as housekeeping transcripts (Navarrete et al., 2019).

## Preparation of antibodies against new UcMTs

Antibodies will be prepared against a peptide of UcMT3 and against the new UcMTs by Genscript (USA) and titrated using pure peptides provided by Genscript.

## Purification of UcMTs in the alga cultivated with cadmium, lead and arsenic in *U. compressa*

Algae (5 g) will be cultivated in seawater without metal addition (control) and with 10 ⬜M cadmium, lead or arsenate for 5 d. Algae will be pulverized with liquid nitrogen in a mortar with a pestle, 15 mL of Tris-HCl buffer (pH 8.6) containing 0.5 mM PMSF and 0.01% β-mercaptoethanol were added and the homogenization will be pursued until thawing. The mixture will be centrifuged at 14,000 rpm for 1 h at 4 °C and the supernatant will be recovered. The supernatant will be incubated at 70 °C for 10 min and centrifuged at 14,000 rpm for 30 min at 4 °C and the supernatant will be recovered. Non-denatured proteins were separated in a 16.5% polyacrylamide denaturant gel (SDS-PAGE) using an electrophoresis buffer containing trycine instead of glycine and proteins will be stained with Coomassie-blue dye.

## Identification of UcMTs involved in cadmium, lead and arsenic by western blot

Purified UcMTs (1 µg) will be transferred from the polyacrylamide gel to a nitrocellulose membrane using Trans-Blot Turbo apparatus (BioRad, USA) for 10 min. The membrane will be blocked with skimmed milk, incubated with each anti-UcMT antibody diluted 500 times, washed twice, incubated with the secondary antibody coupled with horse radish peroxidase diluted 2000 times, and washed twice. Proteins will be detected using ECL Western Bloting Kit (Amersham, UK) and revealed with C-Digits chemiluminescence scanner (Li-Cor, USA) and Image Studio C-Digits software (Li-Cor, USA).

## Work Plan

| Main activities | 1S-2021 | 2S-2021 | 1S-2022 | 2S-2022 | 1S-2023 | 2S-2023 | 1S-2024 | 2S-2024 |
|---|---|---|---|---|---|---|---|---|
| Assembly of the genome and annotation of genes | × | × | | | | | | |
| Identification of new MTs | × | | | | | | | |

| | | | | | | | | |
|---|---|---|---|---|---|---|---|---|
| Cloning and sequencing of new MTs and cloning in expression vector | | × | × | × | | | | |
| Expression of new MTs and in bacteria cultivated with copper and zinc | | | | | × | × | | |
| Accumulation of heavy metals and identification of old and new MTs transcripts and proteins | | | | | | | × | × |

The cloning, characterization of new MTs and expression in bacteria will require at least two years, as it was observed for old MTs in the previous Fondecyt Project.

## Advanced work

Total DNA of the alga *U. compressa* was purified and sent to BGI (Beijing, China) and we already received PacBio and Illumina sequences and the assembly will begin soon. Two new UcMTs were detected in transcriptomic analysis of the alga cultivated with 10 μM of copper for 0 to 5 days. These UcMTs showed homology to a plant MT (*Glycine soja*) and the yeast MT CUP-1 (Fig. 1). However, it is possible that other unidentified UcMTs may be encoded in the genome of *U. compressa* since seven potential UcMTs were initially detected in a transcriptomic analysis (Laporte et al., 2016).

Download GenPept Graphics

**Metallothionein-like protein type 2 [Glycine soja]**

**Sequence ID: RZC02763.1 Length: 131 Number of Matches: 1**

**Range 1: 36 to 98** GenPept Graphics Next Match

| Score | Expect | Method | Identities | Positives | Gaps |
|---|---|---|---|---|---|
| 126 bits(316) | 1e-35 | Compositional matrix adjust. | 63/63(100%) | 63/63(100%) | 0/63(0%) |

```
Query  1   VIFFFCCLCVCFFSHLKMSCCGGNCGCGSACKCGNGCGGCKMYPDLSYTESTTTETLVMG  60
           VIFFFCCLCVCFFSHLKMSCCGGNCGCGSACKCGNGCGGCKMYPDLSYTESTTTETLVMG
Sbjct  36  VIFFFCCLCVCFFSHLKMSCCGGNCGCGSACKCGNGCGGCKMYPDLSYTESTTTETLVMG  95

Query  61  VAP  63
           VAP
Sbjct  96  VAP  98
```

Download GenPept Graphics

**metallothionein CUP1 [Saccharomyces cerevisiae S288C]**

**Sequence ID: NP_011920.1 Length: 61 Number of Matches: 1**

See 104 more title(s)

**Range 1: 3 to 61** GenPept Graphics Next Match

| Score | Expect | Method | Identities | Positives | Gaps |
|---|---|---|---|---|---|
| 111 bits(278) | 6e-31 | Compositional matrix adjust. | 59/59(100%) | 59/59(100%) | 0/59(0%) |

```
Query  1   SELINFQNEGHECQCQCGSCKNNEQCQKSCSCPTGCNSDDKCPCGNKSEETKKSCCSGK  59
           SELINFQNEGHECQCQCGSCKNNEQCQKSCSCPTGCNSDDKCPCGNKSEETKKSCCSGK
Sbjct  3   SELINFQNEGHECQCQCGSCKNNEQCQKSCSCPTGCNSDDKCPCGNKSEETKKSCCSGK  61
```

Furthermore, *U. compressa* cultivated with 0, 10, 25, 50 and 100 μM of CdCl2 and NaAsO4 for 7 days and the alga showed full viability with 10 μM of cadmium and arsenate at day 7 and the alga did not survive 50 o 100 μM of cadmium (González A., unpublished). In addition, cadmium and arsenate was accumulated in algal tissue (González A., unpublished)

# Proyecto 4

Diet of pre-Hispanic populations of northern Chile: an approach using archaeological chemical biomarkers

Investigador Principal: Dr. Javier Echeverría Morgado

## PROPOSED RESEARCH

> The maximum length of this file is **10 pages** (letter size, Verdana size 10 is suggested). For an adequate evaluation of your proposal merits, this file must include the following aspects: Proposal description, Hypothesis, Goals, Methodology, Work Plan, Work in progress and Available Resources. Keep in mind the Bases del Concurso de Proyectos FONDECYT Iniciación 2016 and Application Instructions.

## PROPOSAL DESCRIPTION

### 1.    Pre-Hispanic dietary practices

Among the most important characteristics of the identity of a society is its diet, since it reflects aspects as diverse as the relationship of societies with the environment (collection of local plants), the mastering of technological processes (from technologies, civil-works and hydraulic systems, for example, to agronomic selection processes), interaction with other societies (importation of plants or foreign cultigens), cultural processes (ways of preparing food), among others. The transition from fishing, hunting and gathering to agriculture was one of the most profound changes in human history, and had far-reaching consequences. This transition was linked to new forms of exploitation of the means to procure food, so the study of prehistoric diet -paleodiet- constitutes a material approach to knowledge of livelihoods in past times and a way to address the forging of identity in ancient populations.

### 2.    The focal area of the project

Since the earliest human presence in the Atacama area, ~10,000 BC, group survival was linked to the exploitation of different ecological niches through the seasonal migration of hunter-gatherer groups following large mammals (Lynch, 1975; Núñez, 1995; Núñez & Santoro 2011). Particularly, the San Pedro de Atacama (SPA) oases are the site of longstanding human occupation, particularly after ~3000 BC, when permanent settlers occupied them (Núñez, 1991; Llagostera, 2004;). During the Archaic period (**AP**) (30001800 BC) domestication of camelids was initiated leading to higher adaptative success before the emergence of small-scale agriculture during the Formative Period (**FP**) (1800 BC-500 AD), which brought higher levels of sedentary lifestyles and social complexity. Thus, the **FP** is characterized by: (**i**) the emergence of large agglomerated residential centers, (**ii**) the growth of pastoralism, (**iii**) the intensification of gathering and hunting, (**iv**) small-scale agriculture, and v) long-distance exchange. The Middle Period (**MP**) (500–1000 AD) is characterized by: (**i**) increased intra- and inter-regional interaction and mobility for the agro-pastoral societies, (**ii**) stable permanent settlements in most of the available fertile areas where the local populace practiced camelid pastoralism and smallscale agriculture, (**iii**) evidence for the production of surplus, (**iv**) incipient craft specialization, (**v**) the growth of agriculture, (**vi**) the surge of trade and exchange interregional networks [reflected in notable increases in the archaeological record in the quantity and quality of grave goods from Bolivian lowlands and *Altiplano* (Tiwanaku state influence), the Pacific coast, and northwestern Argentina] in which SPA and to a lesser extent Quillagua constituted important nodes, and (**vii**) increasing evidence of social inequality (access to resources based on one's social status and/or sex). After the fading out of Tiwanaku influence at SPA, the Late Intermediate Period (LIP) (1000–1450 AD) emerges which is distinguished by: (**i**) the substantive shift in regional lifeways, (**ii**) decreased and eventually the breakdown of interregional interactions (mainly the retreat of Tiwanaku), (**iii**) disparate populations consolidated in outlying oases (seeking defensive positioning, safety, and more strategic control of local resources), (**iv**) substantial population aggregations, (**v**) environmental decline (increasing aridity), (**vi**) shift of power towards local leadership, (**vii**) amplification of social conflict (increased levels of social stress), and (**viii**) stylistic, technical and functional changes in pottery of SPA. **This project will focus mainly in diet at SPA and surrounding areas around the period of Tiwanaku influence (from the late FP to the early LIP).**

### 3. Life quality and health in SPA

During the AP, the diet was poor since it only came from hunting and gathering; later, during the FP the diet improved its quality due to intensification of hunting and gathering and the beginning of small-scale agriculture. In the MP the trade networks generated in SPA residents higher levels of prosperity in lifestyle, and of course in the diet, mainly as a consequence of: (i) the importation of exotic foodstuffs and (ii) the increased access to valuable foodstuff (protein, e.g. meat) (Hubbe et al., 2012). This, together with the immigration of foreign individuals (e.g. Torres-Rouff et al., 2015) brought along an increase in genotypic and phenotypic diversity; however, these changes caused an increasing evidence of social inequality since

Concurso de Proyectos FONDECYT de Iniciación en Investigación 2016

the access to these foodstuffs was based mainly on sex and/or social status (Torres-Rouff et al., 2014). In the LIP the breakdown of environmental, economic and social patterns was associated with an important decline in local lifestyle reflected in negative changes in health status (Torres–Rouff & Costa, 2006).

## 4.   Diet in Atacama – the current approaches

Health status of individuals bear a close relationship with diet ingested. Studies on paleodiet have mainly used four approaches: **(i) the archaeobotanical approach**, which examines plant micro and macroremains present in waste containers used in food preparation and can lead to the identification of plant species consumed (Barton & Torrence, 2015), **(ii) the analysis of stable isotopes**, mainly carbon, nitrogen, oxygen and strontium in bioarchaeological materials (hair, teeth, bone, dental tartar, nails), which provides information about the type of plants consumed, the main sources along the food chain, the water resources consumed and the mobility of individuals and populations (C isotopes: plants with C3 or C4-type metabolism; N isotopes: food of terrestrial or marine origin; O isotopes: water resources and Sr isotopes: mobility) (Schwarcz, 1991), **(iii) the paleopathological and osteological approach**, which analyzes the presence of physical markers associated to diet such as oral pathologies, dental wear and abrasion, presence of caries and dental tartar and various osteological measurements which can provide information about the nature of the diet consumed by the individuals studied (Mays & Cox, 2000), and **(iv) the molecular approach** consisting in the chromatographic and spectrometric chemical analysis of residues in containers used in food processing and in bioarchaeological remains, which can lead to the identification of archaeological chemical biomarkers (**ACBs**) that reflect the type and food processing and eventually plants or animals used

(Pollard, 2007; Roffet-Salque et al., 2016). Lately, these techniques have been coupled to the **isotopic analysis of individual compounds (IAIC)** detected in the residues, e.g. GC/IRMS and LC/IRMS (GC=gas chromatography; LC=liquid chromatography; IR=isotopic ratio; MS=mass spectrometry), thus providing unambiguous information on sources of diet components (MeierAugenstein, 2002; Webb et al., 2015).

Using the first approach in artifacts from archaeobotanical studies of plant micro and macroremains and coprolites have been used to identify the species consumed in SPA, e.g.

pepper, algarrobo, pumpkin, sweet potato, teasel fruit, chañar, chonta, kume, maize, peanuts, Peruvian pepper, oka, pacay, potatoes, lima beans, beans, quinoa, yucca and squash (Núñez, 1986; Holden, 1991; Holden & Núñez, 1993; Núñez et al., 2009; Pardo & Pizarro, 2013; McRostie, 2014). Furthermore, a number of archaeozoological studies in the area have addressed the exploitation of terrestrial animal resources and identified a variety of land animals, e.g. cuy, alpaca, guanaco, llama, vicuña, armadillo, tucu-tucu and vizcacha and others chinchillides (Dransart, 1991; Goñalons & Yacobaccio, 2006), coastal and marine animals, e.g. chungungo, sea lions, sea lion two hairs, birds, e.g. cormorants, shearwaters and Peruvian pelican (Hesse, 1984; Simeone, 2002; Cartajena et al., 2005; Cartajena et al., 2010; Peña-Villalobos et al., 2013), other marine organisms such as octopus, as well as a great variety of fish and shellfish (Hesse, 1984) that were consumed or used in some way. A single study has been performed addressing fermented beverages in northern Chile (not in SPA): through the study of starches in residues in wooden keros it was able to identify the use of maize, bean, lime bean and yucca (Arriaza et al., 2015).

The study of isotopic signatures aimed at reconstructing ancient food practices in Northern Chile. The main paleodietary studies in SPA and surrounded areas have used bulk stable isotope analyses in bioarchaeological materials to explore general trends in diet consumed by different populations (Knudson et al., 2012; Torres-Rouff et al., 2012; Santana-Sagredo et al., 2014, 2015) and its relationship with their dental health (Hubbe et al., 2012). These studies have concluded that diet can effectively be divided into three mostly exclusive subsets: (**i**) C3 plants and terrestrial fauna, most notably represented by algarrobo and camelids, which possess generally depleted 13C and 15N signatures; (**ii**) C4/CAM plants, the 15N values of which are roughly equivalent to the first group but which possess significantly higher 13C values; and (**iii**) marine fauna, such as fish and shellfood species, which possess dramatically enriched 13C and 15N signatures. The sources of the protein were harder to explain, especially due to the role that legumes and meat (marine or terrestrial) might have played in local diet. Recent results point to the potential importance of legumes and meat in the local diet in SPA (Hubbe et al., 2012; Pestle et al., 2016), something that has not been explored in the local archaeological record.

Using the paleopathological approach to diet in pre-Hispanic populations of SPA, a series of osteobiographic studies have demonstrated that during the **MP** the infuence of Tiwanaku generated an improvement in the quality of life of the SPA population, expressed in: i) greater height and sexual dimorphism, and ii) the lesser occurrence of caries, occlusal abrasion and loss of teeth during the individual's life, all of this possibly owing to the increase in the consumption of animal protein, and iii) this improved diet that made individuals more resistant to attacks by pathogenic agents (Neves & Costa, 1998; Costa & Neves, 1998; Costa et al., 2004). Dental health (caries prevalence and the degree of occlusal wear) in the **MP** showed a reduction in the prevalence of caries for males among an elite subsample from Solcor 3 and the later Coyo 3 and the dental wear tended to increase over time towards the **LIP** in Quitor 6. These results show a dietary variability whereby some populations (men) were able to obtain better access to protein sources (e.g., camelid meat) (Hubbe et al., 2012).

Finally, paleodietary studies in Chile have excluded molecular studies, which contrasts with the extensive research on these issues globally since the 1990s, particularly in North America (see for example Reber & Evershed, 2004; Eerkens, 2005) and Europe (see for example the review by Evershed, 2008a). **This project aims at filling this vaccuum of knowledge by using state-of-the-art molecular techniques to address diet in pre-Hispanic SPA and surrounding areas.**

## 5.    Diet in Atacama: some pending issues

The studies previously described on diet in Atacama have left behind some questions of archaeological significance which are described below together with the type of archaeological and bioarchaeological elements which will be analyzed to address them. The answers to such questions would greatly enhance our understanding of the mode of living of pre-Hispanic populations of northern Chile and the way they interacted within the region.

*5a. Diachronous changes in food consumed in SPA: Resilience of the culinary traditions or assimilation of foreign culinary practices?*

The diachronous variation of the influence of the Tiwanaku state on SPA produced changes on health and nutrition status (see for example: Neves & Costa, 1998; Costa et al., 2004, Hubbe et al., 2012) and on diet (see for example: Pestle et al., 2016). Dietary change has been explored in SPA through bulk stable isotope analysis (Torres-Rouff et al., 2015; Pestle et al., 2016), but none of these analyses have included compound specific isotope analysis which may reveal at a taxonomic level the changes in food consumed. In this project, we will study diachronous diet changes by analyzing residues in ceramic and basketry artifacts (to take into account that ceramics in funerary contexts may not contain residues while some basketry artifacts have been found to contain residues) mainly from the Solcor 3 site which includes tombs from times before and during Tiwanaku influence (Torres-Rouff & Knudson, 2007; Nado et al., 2012) and Quitor 6 site which includes also tombs from the LIP (Costa-Junqueira, 1988; Neves and Costa, 1998; Costa et al., 2004; Da-Gloria et al., 2011; Knudson et al., 2015; Torres-Rouff et al., 2015; Pestle et al., 2016).

**5b.  Fish consumption in the Atacama desert**

In some archaeological sites located along the routes that connected SPA with the Pacific coast, material evidence has revealed fish consumption, for example in San Salvador (Torres-Rouff et al., 2012); consumption of dry fish at sites in SPA has been postulated (Santana-Sagredo et al., 2015). In this project, we will address fish consumption in SPA and neighboring areas by looking for ACBs of fish such as ω-(oalkylphenyl) alkanoic acids and others proposed in the literature (Hansel et al., 2004) in ceramic and basketry containers from sites around of SPA oases that have shown the presence of spinal vertebrae of fish: Coyo Oriental, Sequitor Alambrado Oriental and Ghatchi (Le Paige, 1977; Focacci, 1982; Agüero & Uribe, 2011). Results from these sites in the highlands will be contrasted with those from the lowlands: Quillagua (Santana-Sagredo et al., 2015) and coastal sites such as Vertedero de Antofagasta (Carrasco et al., 2015) and Caleta Huelén (Cocilovo et al., 2005).

**5c. Beyond tissue isotopic signature: Unraveling the species behind C3 vs. C4/CAM plants and marine and terrestrial protein sources through ACBs and their isotopic signature**

Bulk isotopic signatures in bioarchaeological remains have allowed the reconstruction of general features of diet consumed by individuals from SPA (Knudson, 2007, 2008, 2009;

Knudson et al., 2012, 2014; TorresRouff et al., 2014; 2015; Knudson & Torres-Rouff, 2009, 2014, Hubbe et al., 2012; Pestle et al., 2016). This type of studies, however, does not identify the sources of the protein, especially due to the role that legumes and meat (marine or terrestrial) might have played in local diet, and highlight the need for more detailed chemical studies on the source of proteins and lipids. In this project, we will analyze organic residues in archaeological pottery as well as dental calculus, bone, hair and/or skin of mummified individuals in order to identify the specific nature of food processed and food consumed, respectively, with focus on sites in Quitor and Solcor which can provide a diachronous perspective (see section 5a).

**5d. Consumption of fermented beverage (chicha) in SPA: Direct and indirect proofs**

Chicha is an important component of ritual life in the South-Central Andes (e.g. Pardo & Pizarro, 2005), and is still present in current local traditions (Barthel, 1986). Archaeological evidence for drinking vessels is also prominent in the Atacama oases (Llagostera, 2004). Little is known about the ceramic artifacts that were used in the preparation and storage of chicha, proposals being based only on comparative interpretation of ethnographic information (Hayashida, 2009). We will study ACBs in organic residues adhered to the ceramic artifacts such as vessels, jars and queros, which have been proposed as having been used in this practice. If relevant ACBs are indeed found, this will constitute proof of their association to the processing of alcoholic beverages. We will also seek direct proof of alcohol consumption by analyzing archaeological hair of mummies in search for ACBs of alcohol consumption such as ethyl glucuronide and fatty acid ethyl ester (C16, C16:1, C18 and C18:1)(Caprara et al., 2004, Musshoff et al., 2013), in individuals with contextual association to ceramic material linked to storage and consumption of these fermented beverages. The samples to be studied are ceramic materials postulated as chicha containers (Valdebenito & Martínez, 1986; Uribe & Carrasco, 1999; Costa-Junqueira, 1988; Uribe, 2002; Agüero, 2005) ideally including some associated to mummies with hair in them (Echeverría and Niemeyer, 2013).

## 5e    Functionality of pottery in SPA

Extensive studies have described typological and stylistic features of ceramic artifacts (see for example: Uribe, 2002; Uribe & Agüero, 2012), but relatively few studies explore the functionality and use given to these artifacts. We will identify ACBs of different foodstuff in ceramic containers of different shapes and styles in order to eventually associate these features with type of food processed in them. Lipid residues have provided valuable information about pottery function, for example, the identification of the processing of commodities such as ruminant and non-ruminant carcass fats, dairy products, aquatic resources, plant oils and waxes. Hence, we will analyze samples of ceramic and basketry artifacts with chronology, a wide range of shapes and sizes and showing visible signs of residues found domestic and funerary contexts.

## 6.    Diet studies: The state-of-the-art approach

The studies cited above have yielded important information on the plants and animals which were exploited by pre-Hispanic populations of northern Chile and on the general types of diets consumed by different individuals and populations. However, several questions of archaeological and bioarchaeological importance, presented above, cannot be answered using such approaches but they can be advantageously addressed using archaeological chemical biomarkers.

## 6a.    Archaeological chemical biomarkers

Characterization of organic residues generally relies upon the principles of chemotaxonomy, where the presence of a specific compound or distribution of compounds in an unknown sample reflects the specific nature of the source organism. In essence, an ACB is a molecule or a pattern of different molecules (biomarkers) that are characteristic of a plant or animal species or group of species; when found in a source of amorphous organic matter of archaeological interest (organic residues), comparison with ACBs previously identified in contemporary plants and animals (reference raw materials) – particularly after these have been submitted to similar treatments as the archaeological samples- may reveal consumption patterns. The general approach is based on the premise that when different raw materials are processed in unglazed ceramic vessels solids, liquids or liquefied gases are absorbed into the ceramic matrix (Evershed, 2008b). Organic residues retained in the pores of the ceramic wall are resistant to loss by water leaching and to microbial degradation (Evershed, 1993; 2008b). Lipids are the best preserved biomolecules, and are often used as ACBs (Heron & Evershed, 1993; Evershed, 1993, 2008a, 2008c). The application of a ACBs entails critical experimental considerations on how the analysis of organic residues must be addressed. Most notably, it requires analytical techniques able to achieve a high resolution at the molecular level since all organic materials found in archaeological sites are of biological origin and are necessarily complex mixtures. This complexity is increased by human activities during food preparation as well as by changes introduced during burial and subsequent manipulation of the archaeological object or bioarchaeological material. Moreover, the use of ACBs is not without its problems since many compounds are widely distributed in a range of natural substances; thus, they may not achieve the degree of specificity required for the desired identification. The complexity of the mixtures analyzed requires the use of sophisticated chromatographic and spectrometric methods.

GC/MS analysis, after appropriate wet chemical pre-treatments of the sample or using analytical pyrolysis (py-GC/MS), is the most commonly adopted technique. The possibility of identifying unexpected compounds on the basis of their mass spectra makes GC/MS particularly suitable for studying unknown matrices and/or following ageing and degradation pathways. The high sensitivity and selectivity of GC/MS can be exploited to provide unequivocal evidence for consumption and/or processing of terrestrial and marine products in archaeological ceramics and bioarchaeological material. The sensitivity of the analysis is increased at least 1000 times and the detectability becomes of the order of picograms of compound per mg of residue if the equipment is used in the selective ion monitoring (SIM) mode (Cramp &

Evershed, 2014). In this way, instead of implementing the full scan mode (FS) where all ions are detected in the mass spectrometer and a mass spectrum of the compounds obtained as they emerge from the chromatography column, the mass detector is set to detect only a selected group of characteristic ions, such as the molecular ion (M+) and other known ionic fragments derived from ACBs. Identifications are made based on retention times of the chromatographic peaks, their mass spectra when the equipment is used in the FS mode or the existence and relative intensity of its characteristic ions (SIM mode). SIM protocols have been developed for identifying potential ACBs including various lipidic and non-lipidic compounds as well as compounds resulting from their pyrolysis. In the last few years, a new technique based on GC was developed (Meier-Augenstein, 2002), GC/IRMS, which is used to measure the stable isotope ratios ($\delta13C$, $\delta15N$ and $\delta18O$) of a single compound as it emerges from the GC column; the type of data this technique generates is capable of revealing the source of specific substances from archaeological findings, one of the greatest challenges of organic residues analysis.

In summary, GC/MS, py-GC/MS, and GC/IRMS are well established techniques which have yielded interesting information on organic substances and materials linked to ancient daily life, food production activities, religious or ritual practices, and cosmetic and medical issues (Evershed et al., 1990; Oudemans & Boon, 1991; Heron & Evershed, 1993; Evershed, 1993, 2008a, 2008b; Kałużna-Czaplińska et al., 2015; Bonaduce et al., 2016b). These studies have proved very helpful as they have provided molecular evidence that has contributed to the reconstruction of cultural and economic practices in antiquity (Evershed et al., 1990, 2002; Evershed, 1993, 2008b). Using these techniques, a wide range of products has been identified such as fats of terrestrial animals (fat and milk fat) (Dudd & Evershed, 1998; Evershed et al., 2002; Mukherjee et al., 2007; Dunne et al., 2012; Salque et al., 2013), fats of marine animals (Patrick et al., 1985; Hansel et al., 2004; Craig et al., 2007;. Evershed et al., 2008c), beeswax (Heron et al., 1993; Charters et al., 1997; Regert et al., 2001), plant oils (Condamin et al., 1976; Copley et al., 2001; 2005), plant waxes (Evershed et al., 1991; Reber et al., 2003; Reber & Evershed, 2004) and plant resins (Stern et al., 2003; 2008), and south American foodstuffs (Lantos et al., 2015), among others.

Thus, the chemical analysis of residues in containers used in food processing and in bioarchaeological remains, can lead to the identification of archaeological chemical biomarkers (ACBs) that reflect the type and food processing and eventually plants or animals used (Pollard, 2007; Roffet-Salque et al., 2016). The characterization of amorphous and/or invisible organic remains by analytical methods, such as chromatographic, spectrometric and isotopic techniques, has contributed significantly to finding answers to a wide range of archaeological questions.

## 6b. Extraction of archaeological organic residues

The most useful markers in archaeological residues are lipid molecules (Evershed, 2008a). Lipids are medium size organic molecules whose skeletons are predominantly based on linear, branched or cyclic hydrocarbons, making them soluble in organic solvents (Eglinton et al., 1991; Evershed, 1993;); hence, the most common method of removal of residues is by using an organic solvent mixture (chloroformmethanol 2:1 v/v) and ultra-sonication (Evershed et al., 1990, 2002; Evershed, 1993;). The most common classes of lipids recovered using this method include fatty acids, acylglycerols, long chain ketones, wax esters, n-alkanols, n-alkanes, and other derivatives of animal fats and/or vegetable oils and waxes (Evershed et al., 1990; 2008; Evershed, 1993, 2008; Heron & Evershed, 1993). Research in thousands of archaeological ceramic postsherd fragments from different parts of the world and cultural periods have shown that sometimes the recovery of lipid residues can be very low. This may be influenced by several factors: (**i**) the manufacture of containers (Evershed, 2008a): since the amount of residue lipid absorbed probably depends on the size and shape of the pores of the ceramics, which in turn depends largely on the nature of the surface treatments and firing conditions of the ceramic container (Rice, 1987); for example, very hard ceramic structures produce low concentrations of residual lipids; (***ii***) variable uses of the vessel (Evershed, 2008a): the processing of biological material often involves adding water, prolonged heating and/or mechanical action which help extract the fat from the ceramic walls in liquid solution or dispersed (colloidal) form (Charters et al., 1997; Evershed et al., 2008a); for this reason, containers containing high lipid concentrations are generally those used to serve food or used for dry storage; and (**iii**) environmental conditions of burial, temperature, light exposure, waterlogging or redox conditions will also determine the degree of conservation of lipid residues in buried archaeological ceramics (Eglinton et al., 1991; Evershed, 2008b). The highest concentrations of lipid residues have been observed in very arid geographic areas (Copley et al., 2001; Dunne et al., 2012), where the lack of water prevents leaching of organic residues and limits microbial degradation (Eglinton et al., 1991; Evershed, 2008a). However, the factors that determine the presence of lipid residues in archaeological ceramic vessels are not yet fully understood and most of our knowledge is based on empirical observations (Evershed, 2008a).

## 6c.   Applications of ACBs and GC/MS for solving paleodietary problems

ACBs have been widely used to identify various raw materials, and have served, for example, to differentiate between food sources of terrestrial and marine origin. Lipid residues evidencing exploitation of marine resources include isoprenoid fatty acids, 4,8,12-trimethyltetradecanoic acid, phytanic acid, pristanic acid, long chain n-alkanoic acids (> C18, C20 and C22, mainly), and ω-(o-alkylphenyl) alkanoic acids (C16, C18 and C20) (Craig et al., 2011); the latter may occur during heating tri-unsaturated fatty acids C16:3, C18:3 and C20:3 (Hansel et al., 2004; Evershed et al., 2008) found naturally in the tissues of marine animals (Akman et al., 1968). On the other hand, the distribution patterns of ACBs can provide information on the presence of fats of terrestrial animal; for example, the predominance of stearic acid (C18:0) over palmitic acid (C16:0) is an indicator of animal fats (Evershed, 1993), and distribution of ACBs in conjunction with stable isotope analyses have served to identify the exploitation and consumption of dairy products in the analysis of archaeological materials (Copley et al., 2003; Craig et al., 2005; Evershed et al., 2008c). Indeed, the value of δ13C of fatty acid C18:0 in milk and animal body are different due to a higher proportion of carbohydrates derived from the diet used in the biosynthesis of C18:0 in the body compared to the milk; in the latter, up to 40% of C18:0 is derived from the biohydrogenation of unsaturated fatty acids in the diet (C18:3, C18:2 and C18:1) (Dudd & Evershed, 1998; Copley et al., 2010). On the other hand, most lipids have also been useful as markers of processes to which raw materials were subjected, particularly in regard to culinary practices, cooking and/or high temperature exposure. For example, the presence of long chain ketones in ceramic materials is explained by intense heating processes for the preparation of food (Evershed et al., 1995). Moreover, when the raw materials undergo overheating processes combustion of ACBs give rise to volatile compounds such as benzene, toluene, ethylbenzene, *o-*, *m-* and *p*-xylene, naphthalene, methylnaphthalene, biphenyl and methylbiphenyl and the presence of proteins can also be monitored through characteristic ACBs such as benzonitrile, which has been identified in carbonized protein (Kaal et al., 2008). ACBs have also been described that serve as markers of degradation; for example, the saturated fatty acid C16:0 coupled to low abundance of C14:0 and C18:0 is typical of degraded oils (Copley et al., 2001). A recent trend in the characterisation of organic materials in archaeological objects is to perform noninvasive analyses of the volatile organic compounds (VOCs) released from such organic components. VOC emissions can be characteristic of a given residue and can provide information on its composition and even its state of degradation (Jerković et al., 2011; Bonaduce et al., 2016a). The analysis is performed by exposing an adsorbing fiber to volatile molecules released from a surface or from a solid sample enclosed in a closed vial, in some cases with the assistance of heating to increase the VOC concentrations. VOCs adsorbed in the fiber may be desorbed at the injector port of a GC/MS system. The technique is normally referred to as headspace solid phase microextraction coupled with GC/MS (SPMEGC/MS). The main advantage of this approach is that it is non-invasive and non-destructive to the sample. This approach was used for example in the detection of phenolic derivatives, mono-, sesqui- and diterpenoids, which were recognized, for example, as volatile biomarkers of fermented beverages in archaeological contexts (McGovern et al., 2013).

## 6d.  Isotopic analysis of individual compounds

Since the residue in an archaeological object may contain compounds from diverse sources, GC/MS and GC/IRMS are appropriate tools for determining the isotope ratios of different foodstuffs that contributed to components in the residue. GC/IRMS has been used to detect, for example, dairy fats (Dudd & Evershed 1998; Copley et al. 2003), to determine the pyrolytic origin of certain long-chain ketones (Evershed et al. 1995), to identify the presence of waxes from vegetables (Evershed et al. 1999), to distinguish ruminant from non-ruminant animal fats (Dudd et al. 1999; Mottram et al. 1999; Evershed et al. 2002) and to identify maize in pottery remains (Reber et al., 2003). In practical terms, the GC/IRMS methodology requires a longer experimental procedures in several different stages, but the data generated are easier to analyze; in contrast, in LC/IRMS manipulayipon of samples is faster and shorter, but the results are more complex to analyze. Therefore, we decided to use the GC/IRMS technique.

The general strategy that will be followed in this project is schematized in **Figure 1**. Present samples of species with evidence of having been exploited in pre-Hispanic northern

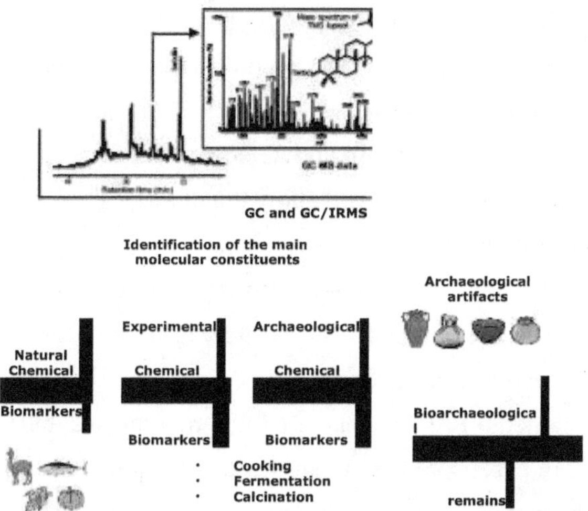


Chile will be chemically analyzed in search of naturally present chemical biomarkers. These molecules will be subjected to experimentation simulating the conditions of food and alcoholic beverage processing, thus yielding a reference collection of archaeological chemical biomarkers (ACBs). Archaeological

artifacts or bioarchaeological remains (dental calculus, hair, skin and bones) will then be analyzed and the content of ACBs compared with reference material in the first instance through GC/MS analysis in order to identify the main ACBs and subsequently, in selected samples where ACB were identified, through specific isotope analysis of ACB by using (GC/IRMS) whereby a taxonomic identification of the source may be hoped for. Finally, results will be discussed in relation to the archaeological questions posed. All analyses will be performed in two steps: i) all samples will be analyzed by GC/MS, depending on the nature of the ACB of interest and ii) selected samples that contain specific ACBs will be analyzed by GC/IRMS. **Figure 1.** Synthetic scheme of the project

**HYPOTHESES**

1. Chemical analysis of natural sources with exploitation record in Atacama will identify natural specific chemical markers in them.
2. Experimentation on these markers simulating probable processes involved in food processing will provide a reference collection of relevant archaeological chemical biomarkers (ACBs).
3. Organic analysis of ACBs in residues in archaeological artifacts and comparison with the reference collection will allow the identification of natural sources used in the artifact analyzed.
4. Organic analysis of ACBs in bioarchaeological materials and comparison with the reference collection will allow the identification of natural sources consumed by the individuals analyzed.
5. The information obtained on ACBs will contribute to a more detailed reconstruction of diet in preHispanic populations in Atacama than was hitherto possible with previously applied non-chemical analyses.

Some questions to be addressed in the project are:

1. What foodstuffs were parts of the diet in selected pre-Hispanic sites of northern Chile?
2. Were there differences in dietary pattern between the two eco-geographical regions studied (coast and highlands)?
3. Were there diachronous changes in the quality of diet and the nature of diet and food processing technologies through the cultural periods and the study areas studied?
4. Are ACBs found in archaeological and bioarchaeological remains good markers for exchange of goods, social status, and mobility of resources?
5. Can chemical analysis inform on the onset of use of different foodstuffs in the region?
6. Is it possible to identify through ACBs the functionality of ceramic and basketry artifacts, and to establish usage pattern, and physical processes to which foodstuff was subjected in them?

From a more general viewpoint, the chemical and chemical-isotopic information which will be obtained in this project will allow:

A. Distinguishing between food practices in different eco-geographical sites in Atacama during the late **FP, MP** and early **LIP.**
B. Demonstrating exchange patterns based on identification of plant species and animals consumed.
C. Relating diachronic changes observed with other cultural processes described in the study area.
D. Determining the time period when different foodstuff and food processing technologies were incorporated in the region studied.

## GENERAL GOAL

To complement current archaeological and bioarchaeological discussions on the nature of cultural changes in the Atacama oases and some surrounding areas during the late **FP, MP** and early **LIP** by providing data of prehistoric dietary practices through indirect evidence of consumption (chemical characterization of organic compounds preserved in residues in archaeological ceramic and basketry containers) and direct evidence of consumption (chemical characterization of organic compounds preserved in dental calculus, hair, skin and bones of mummies).

## SPECIFIC GOALS

1. To build a reference collection of organic compounds (archaeological chemical biomarkers - ACBs) in foodstuffs of plant and animal (marine and terrestrial) origin which have been mentioned in archaeological, ethnohistorical and ethnographic studies as exploited by pre-Hispanic populations of Atacama.
2. To experiment with natural sources of chemical markers by simulating some of the processes involved in the operational food chain (fermentation, cooking and roasting).
3. To study the specific nature of foods consumed by individuals from SPA and surrounding areas for which stable isotope analysis has been reported.
4. To explore the consumption of fish by pre-Hispanic populations in SPA.
5. To study diachronous changes in paleodiet in Atacama.
6. To identify in ceramic vessels the plants used in the production of alcoholic beverages by pre-Hispanic populations of SPA and to directly test alcohol consumption in bioarchaeological remains.
7. To assess a possible correlation between foodstuff in residues in ceramic and basketry containers with their shape and style.

## METHODOLOGY

1. **Collection of food sources:** samples from plants (aerial parts, fruits, bulbs, pods, seeds, depending on species) and animals (eggs in the case of birds, meat, fat and milk in the case of mammals) will be collected, lyophilized and stored in a freezer before GC/MS analysis.

2. **Experimental archaeology:** Small quantities of the above collected samples will be applied to standard unglazed ceramic containers. They will be subjected to conditions simulating processes involved in the food or alcoholic beverage production chain, as described below, and then the residues will be analyzed in search for relevant ACBs. These markers will be compared with those obtained from untreated samples.

   **2.a. Fermentation:** plant material will be milled and macerated in distilled water and then allowed to ferment (emission of bubbles) in a sealed container. The fermented beverage will be filtered, returned to the ceramic vessel and the liquid evaporated to dryness in an oven. Residues in the container will be chemically analyzed.

   **2.b. Cooking:** plant and animal material will be individually crushed and macerated in distilled water and heated to boiling temperature in a ceramic container. The resulting suspension will be filtered, returned to the container and evaporated to dryness in an oven. Residues in the container will be chemically analyzed.

   **2.c. Calcination:** plant and animal material will be individually crushed and macerated in distilled water and heated on a ceramic container until complete removal of water. Then it will be additionally heated until smoke evolves (calcination). The adhered calcinated residue will be sampled from inside the ceramic container and chemically analyzed.

3. **Archaeological materials to be studied:** The general selection criteria and sampling strategy will be as follows:

   **3.a. Bioarchaeological samples:** The samples to be studied will meet the following mutually nonexclusionary criteria: (i) individuals whose bulk stable isotope information has been reported: $\delta 13C$ and $\delta 15N$ (Quitor 1, 5, 6, 6 Tardío, 8 and 9, and Quillagua) and $\delta 13C$ and $\delta 18O$ (Larache, Quitor 5 and 6 Tardío 5, Solor 3, Casa Parroquial, Coyo oriental, Coyo 3, Solcor plaza, Solcor 3, Tchecar, Caspana, Toconce, Yaye occidental, Yaye 2, 3 and 4), (ii) individuals with ostoelogical information with focus on health oral and pathologies (Solcor 3, Quitor 6 and Coyo 3), (iii) individuals which show presence of hair (Echeverría and Niemeyer, 2013), (iv) individuals from tombs which have described depositional contexts, and (v) individuals from tombs (ideally) or sites with chronological dates obtained by 14C.

**3.b. Archaeological samples:** The potsherd samples to be studied will come from the tombs of the individuals mentioned above (ideally) or at least from the same site as them; in addition to the criteria above, they will meet the following criteria: (vi) they will show signs of use such as occurrence of residues, evidence of calcination or exposure to fire, and (vii) they will have been studied from technological, stylistic, morphometrical and, hopefully, provenance perspectives. Different samples will be chosen according to the question addressed. The selection will follow the general criteria specified above under the advice of an archaeologist with previous experience in the ceramic collections of SPA (professional proposed: Ester Echeñique).

4. **Preparation of archaeological samples for chemical analysis:** Archaeological artifacts from funerary and domestic environments will be analyzed. The organic residue adhered to the ceramic or basketry material will be removed from the inner surface of each container, weighed, and extracted with $CH_2Cl_2$:$CH_3OH$ (2:1 v/v, 2 mL x 3 per 10 mg residue samples) using agitation and ultrasound. The organic extract will be filtered and the solvent removed by evaporation to dryness under a stream of $N_2$ at 40°C to yield a total lipid extract.

**4.a. Dental calculus:** Samples of dental calculus from the subgingival area will be removed using a dental hook and deposited in glass jars. Extracts will be obtained following the same methodology applied for fatty acid analysis in archaeological material. Precautions will be taken from the bioethical and heritage conservation standpoints, and a photographic record describing the intervention will be kept. The advice of a physical anthropologist with experience working with the museum collection of SPA will be sought (professional proposed: Susan Kuzminsky).

**4.b. Bone, hair and skin:** Human skeletons, hair and/or skin will be selected for compound-specific amino acid δ13C and δ15N determinations. The acid-insoluble bone protein (collagen) will be obtained by surface-cleaning of bone fragments followed by demineralisation in dilute HCl. Bone fragments will then be rinsed with distilled water and soaked overnight in NaOH, and rinsed repeatedly in distilled water until neutral. Collagen (ca. 2 mg) will be hydrolyzed under vacuum and the samples dissolved in aqueous methanol. The solutions will be evaporated under a gentle stream of N2, redissolved in methanol and stored at -18°C until required for analysis. Fractions of protein hydrolysates from bone collagen will be dried under N2. γ-Aminon-butyric acid will be added to each tube as an internal standard. Acidified isopropanol and acetyl chloride will be added to each culture tube, which will be heated. The reaction will be terminated by placing the tubes in a freezer and the residual isopropanol will be removed under N2. Excess H2O and isopropanol will be removed by addition of dichloromethane (DCM) which was also evaporated under N2. Trifluoroacetic anhydride (TFAA) and DCM will be added to the culture tubes and they will be heated. The tubes will be then placed in an ice bath where the excess TFAA and DCM will be removed under a gentle stream of N2. The TFAA-derivatized aminoacid esters will be dissolved in DCM and stored at -18°C until required for GC/IRMS analysis (Corr et al. 2005, 2009).

**Chemical analysis:** An aliquot of each total lipid extract (TLE) will be directly analyzed for fatty acids (FAs), other aliquots will be silylated with *N,Obis*(trimethylsilyl)trifluoroacetamide (BSTFA) and another aliquot of TLE will be methylated for analysis of fatty acid methyl esters (FAMEs). The residues from the experimental archaeology experiments and those from archaeological artefacts will be analyzed in the same way. All extracts (raw food material, experimental archaeology samples, and archaeological and bioarchaeological samples) will be preliminarily analyzed by GC/MS using the FS mode followed by the SIM mode. If samples analyzed by GC/MS provide meaningful ACBs, they will be analyzed by GC/IRMS. Additionally, archaeological and bioarchaeological samples for studying the processing, storage

# Proyecto 5

**Título del Proyecto:**
Mecanismos celulares y moleculares asociados al efecto antiimplantatorio de la sobrexposicion a los estrógenos

Investigador Principal: Dr. Pedro Orihuela.

**RESUMEN**
Debe indicar claramente los principales puntos que se abordarán: como objetivos, metodología y resultados que se espera obtener. Considere que una buena redacción facilita la adecuada comprensión y evaluación del proyecto. (letra tamaño 10, Arial o Verdana y simple espacio).

1. **BREVE RESUMEN DE LA PROPUESTA** Este proyecto es la formalización de un trabajo de colaboración entre los grupos de Reproducción de la Facultad de Química y Biología y de la Facultad de Medicina: Esta propuesta se enmarca en estudiar el efecto de la sobreexposición a estrogénos sobre el proceso de implantación. Para ello, aplicaremos dos modelos experimentales basados en la experticia de nuestros grupos de investigación: El primer enfoque utilizará un modelo de co-cultivo entre blastocisto de ratón y la línea de células epiteliales de endometrio humano Ishikawa, con el propósito de explorar las posibles mecanismos celulares y moleculares por los cuales uno de los estrógeno ambientales más ampliamente utilizados el bisfenol-A, inhibe la adhesión del blastocisto. El segundo enfoque utilizará muestras de endometrio humano para determinar el efecto de bisfenol-A sobre los marcadores de receptividad endometrial. Para cumplir este proyecto se utilizarán aproximaciones de biología celular y molecular así como técnicas de cultivos de células humanas y embriones preimplantacionales de ratón.

2. **DESCRIPCIÓN DEL PROYECTO** El objetivo general del presente proyecto es dilucidar si la inhibición en la implantación del blastocisto inducida por exposición a bisfenol-A está mediada por el metabolito 2ME través de la liberación de la F-espondina y por cambios en los marcadores de receptividad endometrial, con el consiguiente bloqueo de la unión del blastocisto con las células endometriales. Los siguientes objetivos serán abordados en el presente proyecto: - Objetivo 1. Dilucidar el mecanismo molecular por el cual bisfenol-A y su metabolito 2ME bloquean la implantación del blastocisto - Objetivo 2. Determinar si el bisfenol-A y su metabolito 2ME alteran la expresión de marcadores de receptividad endometrial.

3. **METODOLOGIA** En este proyecto, vamos a utilizar dos enfoques experimentales: primero, se utilizará un modelo de co-cultivo entre blastocisto de ratón y la línea de células epiteliales de endometrio humano Ishikawa, con el propósito de explorar los posibles mecanismos celulares por los cuales bisfenol-A y 2ME inhiben la unión de blastocisto al endomerio. Para ello, vamos a establecer si estos compuestos median afectan la adhesión del blastocisto de ratón en las células de Ishikawa y determinar si bisfenol-A y 2ME induce interacción entre 2 genes marcadores de implantación, F-espondina y la integrina $\alpha v \beta 3$ en estas células. El segundo objetivo utilizará muestras de endometrio humano para determinar el efecto de bisfenol-A sobre los marcadores de receptividad endometrial. Para ello, muestra de endometrio obtenido de mujeres fértiles serán incubados con bisfenol-A o 2ME y los niveles de ARNm y proteína de F-spondina y la integrina $\alpha v \beta 3$ seran determinados por Real-time PCR, Western-blot e inmunohistoquímica.

4. **RESULTADOS ESPERADOS Objetivo 1:** Esperamos que en nuestro sistema de co-cultivo entre blastocistos de ratón y las células Ishikawa, la adición de bisfenol-A o 2ME bloqueen la adhesión del blastocisto. Además, esperamos que este efecto sea mediado por la interacción entre F-spondina y $\alpha v \beta 3$ lo cual inhibe la vía de señalización de $\alpha v \beta 3$ en las células Ishikawa. Objetivo 2: Esperamos que en las muestras de endometrio humano incubadas con bisfenol-A o 2ME los niveles de ARNm y proteína de F-spondina y la integrina $\alpha v \beta 3$ cambien con respecto a los grupos no tratados lo que indicaría que el tratamiento con el xenoestrogéno y su metabolito afectan la receptividad endometrial y por lo tanto la implantación.

# Proyecto 6

**VICERRECTORÍA DE INVESTIGACIÓN Y DESARROLLO, COMITÉ DE BIOÉTICA,**

**UNIVERSIDAD DE SANTIAGO DE CHILE**

## ANTECEDENTES ADMINISTRATIVOS
**1. Título del Proyecto:**

**Role of GABAA Channels in the Axon Initial Segment in Epilepsy**

**Académico Responsable:**

Dr. Patricio Rojas Montecinos

**2. Laboratorio o Unidad Docente al que pertenece el Académico Responsable:**

Laboratorio de Neurociencias, Departamento de Biología, Facultad de Química y Biología.

**3. Teléfono**

e-mail:

Fax :

Teléfono de emergencia :

## PROPÓSITOS DE LA INVESTIGACIÓN
*Señale el o los propósito(s) principal(es) del Proyecto. Éstos deben ser explicados de manera que sean **comprensibles para el ciudadano común, informado**. Además, **la relevancia** del Proyecto debe quedar clara para cualquier evaluador eticista.*

Epilepsia es una de las patologías del sistema nervioso más comunes, afectando a 1-2% de la población mundial. Ésta se caracteriza por la ocurrencia de focos de disparo neuronal que ocurren a alta frecuencia y con gran sincronía. A nivel celular se observa una mayor excitabilidad celular vista como células que disparan impulsos nerviosos a frecuencias más altas que en condiciones normales. Los impulsos nerviosos, llamados potenciales de acción, viajan a través de la neurona y son transmitidos a la siguiente célula en el circuito neuronal correspondiente. Los potenciales de acción se inician en compartimento eléctrico especializado de la neurona, el segmento inicial del axón, localizado a 20-60 micrones del soma. Es en éste lugar donde se toma la decisión de generar un potencial de acción, por lo cual su estudio es de fundamental importancia para comprender la excitabilidad celular tanto en condiciones fisiológicas como en condiciones patológicas. Esto es de fundamental importancia para la epilepsia, en que se generan potenciales de acción a alta frecuencia.

El tipo más común de epilepsia es la epilepsia del lóbulo temporal, en la cual algunos episodios empiezan en el hipocampo. El giro dentando es una estructura cortical que es el punto de entrada al circuito hipocampal. Aquí las Células Granulares son el punto de entrada al circuito, ya que reciben los axones que se originan en la corteza entorina. Las células granulares controlan la excitabilidad del circuito hipocampal, debido a que poseen una baja excitabilidad. En condiciones epilépticas su excitabilidad es aumentada produciendo un consiguiente aumento global de la excitabilidad hipocampal, el cual aumenta la probabilidad de producir descargas epilépticas. Esta mayor excitabilidad vista en modelos animales y tejido de pacientes epilépticos es explicada en parte por el hecho de que GABA (el principal neurotransmisor inhibitorio del sistema nervioso) tiene efectos excitatorios. Esto es debido a una alta concentración de cloruro intracelular, el cual es ion transportado por los canales activados por éste neurotransmisor.

En este proyecto se estudiará cómo los sistemas de transporte de cloruro en el segmento inicial del axón de células granulares está involucrado con la alta excitabilidad observada en modelos animales de epilepsia. Estos sistemas de transporte, podrían estar involucrados en modular las propiedades de computo neuronal, que están afectadas en condiciones epilépticas. Además, estudiaremos como el aumento de cloruro en condiciones epilépticas en el segmento inicial afectan la excitabilidad celular. Los resultados de este proyecto nos darán luz sobre la identidad molecular de participantes en la hiper excitabilidad vista en condiciones epilépticas. A mediano y largo plazo esto puede llevar al desarrollo de tratamientos para esta enfermedad de tan alta prevalencia en la población.

Para estudiar  la función de canales y transportadores involucrados en una patología como epilepsia, en la cual se ha descrito cambios dramáticos en la expresión de éstas moléculas, es necesario elegir un modelo de estudio lo mas cercano a lo que ocurre en humanos. Se han desarrollado varios modelos de epilepsia en ratas, y en éste estudio se utilizará el modelo de "status epilepticus" inducido por Pilocarpina, debido a que en éste modelo se han reportado cambios en la expresión de canales GABAA y transportadores de cloruro, similares a los reportados en humanos. Éste modelo además es fácil de implementar.

El uso de cultivos primarios no es factible en para éste estudio debido a que durante el procedimiento de disgregación se pierden partes de las neuronas como axones y dendritas, los cuales pueden regenerarse en cultivo pero no formarán las mismas conexiones sinápticas. Además es sabido que neuronas en condiciones de cultivo sufren un remodelamiento de las subunidades de canales y transportadores,   lo cual no refleja las condiciones fisiológicas. En la rebanada se mantienen las conexiones neuronales y la morfología de las neuronas estudiadas, ambos factores determinantes de la excitabilidad celular. El uso de líneas celulares tampoco es factible ya que ninguna de ellas tiene la morfología ni la densidad y localización de canales observada en las neuronas que serán sujeto de estudio.

A día de hoy no existe ningún modelo alternativo que permita reemplazar el uso de animales de experimentación para los propósitos del presente estudio.  Los animales que se utilizarán en este proyecto serán siempre sacrificados por sobredosis de anestesia y se minimizará toda situación que pueda resultar estresante o dolorosa para los animales.

Las rebanadas de cerebro de roedores es el modelo mas usado para el estudio de las propiedades de disparo de las neuronas granulares del Giro Dentado. El cerebro de rata es mas grande que el de ratón, lo cual lo hace que sea mas fácil no solo hacer la cirugía, sino también la manipulación del cerebro. Además se pueden obtener mayor número de rebanas por cerebro, disminuyendo el número de animales por cada día de experimentación.

***Duración total: Especifique y justifique la duración del experimento.***

El tratamiento con Pilocarpina será una sola vez, y los animales se usarán 1, 2 ó 3 semanas posterior a éste. Este es el curso temporal del cambio de la concentración intracelular de cloruro producto del status epilepticus.

## DESCRIPCIÓN DEL EXPERIMENTO

### 1. Describa

TODOS los procedimientos a seguir con los animales. El detalle de los <u>procedimientos no quirúrgicos</u> (manipulación y administración de sustancias) debe incluirse en la **Sección E.** El detalle de los procedimientos quirúrgicos debe incluirse en la **Sección F.**

Puede incluir un diagrama de flujo para explicar las etapas de la investigación y como se relacionan con los objetivos planteados. Puede incluir un diagrama de toma de decisiones para describir los puntos en que se tomara uno u otro camino dentro del proyecto y bajo que criterios se decidirá.

Los animales se compraran desde el Bioterio de la Faculta de Ciencias Quimicas y Farmaceuticas de la Universidad de Chile, y se mantendrán en el Bioterio Central de la Universidad de Santiago. La temperatura de la habitación será mantenida constante entre 22-25 ºC, los animales serán alimentados *ad libitum*, y tendrán un régimen de luz de 12 horas con temperatura regulada. Se mantendrán 3 animales por jaula, cada una de las cuales tendrá un sustrato de viruta de madera, la que será cambiada cada 48 horas. Se dejará una pequeña cantidad de viruta "sucia", sin fecas, al realizar la limpieza, debido a que varios autores indican que ésta práctica minimiza el estrés que provoca el nuevamente tener que marcar con feromonas el nuevo sustrato. La ventilación de la habitación es constante, lo que previene de malos olores. Las ratas serán cruzadas, y 3-4 días antes del nacimiento, las hembras preñadas serán mantenidas en jaulas separadas hasta que las crías nazcan después de 21 días. En este proyecto se usarán crías con edades entre 18-23 días, las cuales estarán en la misma caja que su madre.

Animales de 200-250 gr. de peso (~P40) serán inyectados subcutáneamamente con Scopolamine Methyl Nitrate (1 mg/kg) para eliminar efectos perifericos producidos por el subsiguiente tratamiento con Pilocarpine.

30 minutos después serán inyectados intraperitonealmente con  Pilocarpine (405 mg/kg) (Ang et al., 2006; Pathak et al., 2007). Esto inducirá status epilepticus (ataques epilepticos de más de 30 min) dentro de 10-30 minutos. Una hora despúes del comienzo del status epilepticus se administrará  Diazepam (7.5 mg/kg) para terminar el status epilepticus. La duración del status epilepticus es la usada previamente para estudiar cambios en la concentración de cloruro y remodelamiento de canales y transportadores en neuronas granulares del giro dentado (Ang et al., 2006; Pathak et al., 2007; Avanzini et al 2008). Después del status epilepticus los animales serán alimentados manualmente con pellet ablandado en agua por medio de sonda de alimentación hasta que sean capaces de comer y tomar agua por sus propios medios. Animales control recibirán el mismo tratamiento (es decir Scopolamine y luego Diazepam aproximadamente  90 minutos después)  pero se les injectará con solución salina en lugar de Pilocarpine.

La administración de fármacos será supervisada por un médico veterinario, el que extenderá las recetas para la adquisición de estos en una farmacia veterinaria. En el caso de Diazepam, un fármaco sujeto a control de sustancias narcóticas, éste será almacenado bajo llave por el investigador responsable en el Laboratorio de Neurociencias. Se llevará una bitácora de uso de dicho fármaco, que se almacenará junto a el.

El día del experimento, el animal será llevado al laboratorio donde será anestesiado en una campana de disecación saturada con Isofluorano al 5% En 6090 segundos el animal entrará en inconsciencia, y de inmediato se procederá a la decapitación y su cabeza sera puesta en liquido cerebroespinal artificial a 4 °C. La piel será removida, cráneo será cortado con una tijera y el cerebro sera puesto en liquido cerebro espinal frío. Posteriormente el cerebro será cementado en un bloque de corte y las rebanadas serán cortadas en Vibratomo Las rebanadas serán mantenidas en liquido cerebro espinal burbujeado con 95% O2/5 % CO2 por 30 minutos a 37 C y luego mantenidas a temperatura ambiente por el resto del día de experimentación.


Ang CW, Carlson GC, Coulter DA. (2006) Massive and specific dysregulation of direct cortical input to the hippocampus in temporal lobe epilepsy. *J Neurosci.* 26:11850-6.

Pathak HR, Weissinger F, Terunuma M, Carlson GC, Hsu FC, Moss SJ, Coulter DA. (2007) Disrupted dentate granule cell chloride regulation enhances synaptic excitability during development of temporal lobe epilepsy. *J Neurosci.* 27:14012-22.

Avanzini GG, Treitman DM, Engel J (2008) Animal models of acquired epilepsies and status epilepticus. In: Epilepsy: A Comprehensive Textbook, 2nd Edition. de. Engel J, Pedley TA.